HOME PARTY 料理と器と季節の演出

料理、器具与时节的搭配
一筷一勺间，触手可及的仪式感，不过如此

四季餐桌盛宴

日本宴会艺术家的餐桌美学

（日）江川晴子·著　侯天依·译

化学工业出版社
·北京

图书在版编目（CIP）数据

四季餐桌盛宴　日本宴会艺术家的餐桌美学／（日）江川晴子著；侯天依译．—北京：化学工业出版社，2019.5

ISBN 978-7-122-33991-1

Ⅰ．①四… Ⅱ．①江… ②侯… Ⅲ．①饮食 - 文化 - 日本 Ⅳ．①TS971.203.13

中国版本图书馆 CIP 数据核字（2019）第 038021 号

责任编辑：丰　华　李　娜	文字编辑：李锦侠
责任校对：边　涛	装帧设计：八度出版服务机构

出版发行：化学工业出版社（北京市东城区青年湖南街 13 号　邮政编码 100011）

印　　装：北京新华印刷有限公司

787mm×1092mm　1/16　印张 9　字数 300 千字　2019 年 8 月北京第 1 版第 1 次印刷

购书咨询：010-64518888　　　　售后服务：010-64518899

网　　址：http://www.cip.com.cn

凡购买本书，如有缺损质量问题，本社销售中心负责调换。

定　　价：88.00 元　　　　　　　　　　　　　　　　版权所有　违者必究

江川晴子

日本著名宴会设计师，从事婚礼和企业派对等的酒席策划工作已有21年。她发现在工作中积累的这些经验是可以应用到家庭宴会中的，于是便开始开办宴会讨论会。晴子在这本书中详细地介绍了如何在家庭宴会中创造出"魅力四射的餐桌"。宴会的主题设计，简单又美味的料理菜谱，装点餐桌用的桌布和餐具搭配技巧，等等，你想知道的宴会设计秘诀都在这本书里。

成功举办宴会的 **7** 个关键

1 宴会的第一印象很重要

宴会的第一印象最重要了。如果能让宾客一进屋就忍不住欢呼惊叹，那么宴会可就成功一半了。餐桌的色调要统一，有必要的话，可以摆上花束、蜡烛、餐单等装饰品，但是不能成为累赘哦。

2 主题和惊喜都要有

宴会一旦有了主题，气氛也就自然而然地热烈起来了。主题最好是非日常的，在这样的气氛下，可以在特别的鸡尾酒上下功夫，也可以用特别的东西来代替餐具，别有趣味。此外，还要注意食材的搭配，大小要错落有致，温度要冷热有别。总之，一定要来点惊喜，宴会才够味儿。

3 季节感不能少

季节感主要通过餐桌餐具的色彩，以及鲜花、食材来表现。比如在酷夏时节要给人清凉感，寒冬时节当然就要让人感到温暖了。这样才是贴心的宴会。

4 菜单和布局要模式化

如果喝红酒，就用这套菜单，用这套器具。如果喝日本酒，就用那一套。总之，要制订一套独特的模式。因为只要有了自己的模式，即使准备时间不够，也不至于焦躁，依然能轻松面对，而且能节约大量的时间和体力，给宴会留出富余的精力。

追求细节

在小物件上也不能吝惜自己的精力，比如舀调味料的小勺、公用的筷子、水壶，等等，都要用心准备。连小物件都能如此讲究地放在器皿里，那么料理的味道自然也不会差了。

5

6 灵活运用宴会日志

一场成功的宴会是由一件又一件成功的小事堆砌起来的。所以要养成记录宴会日志的习惯，加以提醒，加以反思，下一次就会做得更完美了。

切忌过度劳累

7

要卸下肩上的负荷，轻轻松松投入到家庭宴会中。无论是料理还是服务，都不能过度劳累，让自己也乐在其中，才叫完美。价格过高的杯盘餐具，不买；让自己感到不自在的人，不邀请。总之，会给自己造成压力的事情，统统免掉。这是家庭宴会最基本的原则。

目录

四季盛宴

宴会案例展示与技巧汇总

四季盛宴

2

缤纷早午餐

　　用缤纷的食材，唤醒身体对美的渴望。这样的宴会也是让人向往的。主人可以让每位宾客带一样自己喜欢的美丽食材，不但可以减轻自己的负担，还能让宾客更有参与感。

　　但是，有时候宾客会带来重复的食材，主人就要在餐桌布置上多下些功夫了。

　　其实，举办自带食材的宴会有很多窍门，要记住哦。

主题

这次自带食材宴会的主题定为"缤纷早午餐"。

自带食材宴会有一个问题就是，宾客们带来的食材可能没有统一感。

为了避免这个问题，主人可以进行一定程度的限制，让宾客省心，自己也省心。

举个例子来说，主人已经准备好了汤、油炸食物等热乎的料理，就可以拜托宾客们"带点别的吧"，这样一来，宾客们就会根据主题，挑选别的食材赴宴。如果主人只准备了冷餐，就可以事先把收集食材的箱子发给宾客们，拜托他们"把箱子填满吧"，也不失为一个有趣的法子。实际上，我在转行做宴会设计之前，还在做酒席承办的时候，偶尔也会把宴会盒子（23cm×23cm的纸箱）邮寄给宾客们，拜托他们用料理和甜品填满箱子。然后在宴会上，直接把这些料理摆上桌。每次打开盖子的时候，宾客们都忍不住欢呼。盒子宴会也很有趣。

餐单

烤虾与面条
藜麦羽衣甘蓝沙拉
应季蔬菜与胡萝卜生姜蘸酱
牛油果豆子蘸酱与蒜香长棍面包
胡萝卜松饼

既然我们的主题是缤纷早午餐，那自然不能少了藜麦和羽衣甘蓝这种超级食材，同时也要准备胡萝卜、豆子这些健康食材。

时间安排

（宴会前日）
烤胡萝卜松饼
制作香辣花生
煮面条，倒入香辣花生拌好
把要放入面条中的蔬菜切好
制作胡萝卜生姜蘸酱
烤蒜香长棍面包
制作藜麦羽衣甘蓝沙拉的调料

（宴会当日1小时前）
把胡萝卜生姜调料中要用的蔬菜切好，煮熟
把虾烤好，面条做好
制作牛油果豆子蘸酱
藜麦煮熟
制作藜麦羽衣甘蓝沙拉

（宴会时）
全部料理盛盘

烤虾与面条

藜麦羽衣甘蓝沙拉

宴会美食

烤虾与面条

把刚出锅的意大利面适时地给宾客享用，确实有点难度。所以，与此相比，我们选择在前一天把面条煮好冷藏放置。一般来说，家庭宴会都会采取这种方式。这道料理在酒席承办中的出场率也很高。

■ 材料　3～4人份

辣花生酱汁

	红咖喱膏 …… 1/8小勺
	酱油 …… 40ml
A	辣味番茄酱 …… 60ml
	芝麻油 …… 40ml
	米醋 …… 20ml
	花生酱（无糖）…… 1/2大勺

意大利宽面（DeCecco No.7）…… 100g
橄榄油 …… 适量
黑虎虾 …… 12尾
大蒜 …… 1小瓣 >> 切碎
红椒 …… 1个 >> 切成4～5cm长的细条
紫皮洋葱 …… 1/2个 >> 切成超薄的细丝
西芹 …… 1根 >> 切成4～5cm长的细条
香菜 …… 适量
松子 …… 适量
羽衣甘蓝的叶 …… 适量

■ 制作方法

1. 将A中调料全部放入料理机中，充分混合，倒入瓶中，放入冷藏室。

2. 意大利宽面按照包装袋上的指示煮熟，放入水中冻一下，沥干。取出很少的面条，趁还温热的时候，同2/3量的辣花生酱汁混合，盖上保鲜膜放入冰箱中冷藏至少2h。

3. 黑虎虾去壳，尾部一节的壳保留，去除虾线。平底锅内放入橄榄油，加热，放入大蒜、虾，嫩煎2～3min。放入剩余的辣花生酱汁，拌匀，冷藏2h。

4. 向步骤2中的食材内放入红椒、西芹、紫皮洋葱，充分混合，盛入碗中。将腌好的虾摆在上面，用香菜、松子点缀。再配以羽衣甘蓝的叶会更好看。

● 相对于意大利面的量来说，彩椒、洋葱和西芹的量可能有点多，但是会很好看也很美味。同冰镇白葡萄酒搭配在一起，会很不错。

● 有的人喜欢香菜，有的人讨厌香菜。最好将香菜单独放在一个小碟子里，宾客们就可以根据个人喜好来添加了。

藜麦羽衣甘蓝沙拉

藜麦营养丰富，被称为"21世纪的主要食物"，可以说得上是超级食物。羽衣甘蓝用盐揉一揉，会变得更绿，而且放一段时间，也不会变得软塌塌的，很适合宴会。

■ 材料　6人份

羽衣甘蓝（中等大小）…… 2片 >> 去掉硬的部分，纵向切半，切成7mm宽的细条
食盐 …… 1/2小勺
藜麦（Alishan 混合藜麦）…… 90g

	意大利香醋 …… 2大勺
	橄榄油 …… 2大勺
A	胡椒粉 …… 少许
	酱油 …… 1/2大勺
	柠檬 …… 根据个人喜好备量

芝麻、瓜子、南瓜子 …… 根据个人喜好备量
红菊苣 …… 适量

■ 制作方法

1. 羽衣甘蓝中放入1/2小勺食盐，混合，轻揉，放置10min，控干。试尝一口，如果很涩，就用水涮一涮，控干。

2. 藜麦洗净沥干。

3. 小锅内放入200ml水，加热至沸腾，放入1撮食盐（分量外），倒入藜麦，盖上盖子，小火加热12min左右，煮成藜麦饭。关火，盖子下面垫一层吸水纸，5min后用叉子捣散。

4. 趁藜麦饭还微热的时候，倒入调料A和羽衣甘蓝，充分混合。盘子里铺上红菊苣，再盛入刚混合好的食材。还可根据喜好撒上芝麻、瓜子、南瓜子。

● 可以立刻吃，也可放置30min左右，味道会更好。在吃之前，挤点柠檬汁，别有一番风味。

● 若没有羽衣甘蓝，用小油菜也可以。

● 藜麦煮熟后，可放入密封袋里，平放进冷冻室。下次用时，直接掰下需要的量，解冻即可，方便快捷。

● 白色的藜麦比较普通，所以用Alishan的混合藜麦，会给人眼前一亮的感觉。

● 在成品上面点缀芝麻、瓜子、南瓜子也很不错。

应季蔬菜与胡萝卜生姜蘸酱

多准备几种应季蔬菜。红菊苣、圣女果等生吃就好，芦笋、罗马花椰菜等可煮熟吃。各种蔬菜汇集在一起，色彩鲜艳，营养丰富。

胡萝卜生姜蘸酱

■ 材料　5人份

胡萝卜 …… 约150g >> 去皮，切碎

洋葱 …… 约40g >> 切碎，用水浸一下

生姜 …… 20g >> 切碎

米醋 …… 30ml

蜂蜜 …… 1大勺

芝麻油 …… 1大勺

菜籽油 …… 60ml

食盐 …… 1/4小勺

黑胡椒 …… 1/4小勺

■ 制作方法

将全部食材放入料理机中搅拌。倒入瓶中，放入冰箱保存。

●保存后，风味可能会有些许减少，但在冰箱里放上1周左右，会有别样风味。

牛油果豆子蘸酱与蒜香长棍面包

牛油果豆子蘸酱

■ 材料　6～8人份

牛油果（成熟）…… 2个

红豆 …… 1袋

毛豆 …… 70g >> 去皮，豆子上的薄皮也去除

柠檬汁 …… 1大勺

蛋黄酱 …… 1大勺

咖喱粉 …… 1小勺

食盐、胡椒粉 …… 各适量

西芹 …… 30g >> 切碎

洋葱 …… 15g >> 切碎

■ 制作方法

牛油果捣碎，将全部食材放入料理机中搅拌。尝一口，调整食盐、胡椒粉的用量。搅拌后的食材很容易变色，所以要立刻覆上保鲜膜，放入冰箱。

蒜香长棍面包

■ 材料　约45片份

长棍面包 …… 1根（55cm）

大蒜 …… 1头

橄榄油 …… 适量

■ 制作方法

1.大蒜捣成泥，放入橄榄油中，入味。

2.长棍面包切成6～7mm厚的片，涂上蒜泥，放入烤箱，烤至酥脆。

●淡淡的咖喱风味，以及若隐若现的红豆，都让这款调料变得与众不同。抹在蒜香长棍面包上一起吃，超美味。

胡萝卜松饼

由新鲜的胡萝卜、红糖、菜籽油、低筋粉、肉桂粉和核桃等制作而成，不含乳制品！

■ 材料　松饼杯 ϕ 5cm（底 ϕ 3cm）× h 3cm 28↑

鸡蛋 …… 2枚

红糖 …… 100g

菜籽油 …… 150ml

胡萝卜 …… 190g >> 研碎

A	低筋粉 …… 150g
	肉桂粉 …… 1/2 小勺
	发酵粉 …… 1/2 大勺
	小苏打 …… 1/4 小勺
	食盐 …… 1/4 小勺

核桃 …… 70g >> 切碎

■ 制作方法

1.碗内磕入鸡蛋，搅拌均匀，放入红糖，继续搅拌。

2.放入菜籽油混合，放入胡萝卜，再放入过筛后的A，充分混合。

3.加入核桃混合。将食材均匀分配到松饼杯里，每个杯中有25g左右。放入180℃的烤箱内，烘烤20min。根据情况，可以再多烤约6min。

胡萝卜松饼

这款胡萝卜松饼里不含任何乳制品。

胡萝卜的香甜，核桃、肉桂粉的醇香是这道甜品的精髓所在。

刚烤出来的自然美味，放上两日依然美味不减。

略微加热再吃，也很不错。松饼要制成易于食用的大小。

---

❶ 书中出现的器皿尺寸介绍中，ϕ 代表直径，h 代表高。

餐桌布置

自带食材宴会中的简约器皿

在自带食材宴会中，宾客们带来的食材，在大小、颜色和分量方面，经常会与主人的预期有差别。如果宾客带来的料理比预期的多，就要准备额外的器皿。相反，如果带来的料理比预期的少，那么就要准备一些大片的不易变蔫的蔬菜（比如羽衣甘蓝和红菊苣）。

此外，在料理与器皿的颜色不搭配的时候，也可以放一些叶片过渡，或点缀一些香草。

在餐桌布置方面，要尽量避免有个性的颜色以及花纹，选用百搭的、自然色的桌布才适合。同理，器皿也应尽量选择白色、黑色的，以及玻璃制品中相对简约的款式。

选用平盘、浅盘，以及能装一小份酱油、沙司的小碗，方便分配料理。

餐桌布置的时候，盘子的大小可以错落不一，这样会更有层次感。

（玻璃三层托盘）

φ35cm/φ30cm/φ24cm×h42cm

这套托盘可以拆卸，方便收纳。托盘上可以摆很多东西，比如甜点、迷你三明治、小玻璃杯装的浓汤、慕斯。

（布莱碟）

白圆深盘 φ24cm×h6cm

（茶杯与茶托）

茶杯 φ9.5cm×h7cm 茶托 φ18.5cm

选用银色的茶杯，茶托的花纹映在杯身上，奢华感呼之欲出。

（布艺）

桌旗，放在桌子中间的白色桌布（p2照片）亚麻质地。

（特大号玻璃碗）

φ32cm×h22cm

可以装面条或者BON JUICE。在举办冷餐会的时候，这种大玻璃碗会给宾客们留下很深的印象。平时也可以装苹果、香蕉等水果。甚至用来放花，也是很美的。

（玻璃高脚果盘）

φ20cm×h13cm　φ16.5cm×h13cm

小号的高脚果盘可以叠放在中号高脚果盘上面，增加层次感。

（方形玻璃杯）

放胡萝卜的方形玻璃杯14.5cm×14.5cm×h14cm

装沙司的方形玻璃杯8cm×8cm×h8.3cm

不同的大小装不同的食材，很方便。

（圆玻璃盘）

φ30cm

银色的圆环花纹透着奢华。装上小蛋糕，也丝毫没有违和感。

（小玻璃碗）

$\phi_口13cm×\phi_底12.5cm×h5.5cm$

用来装藜麦羽衣甘蓝沙拉。

平日里，我很注意摄入有美颜功能的食材。比如"今天晒黑了，回去后就立刻吃番茄和西瓜""吃富含蛋白质的食物""比起白色食物，更喜欢吃黑色食物"等。在饮食方面，有很多学问，但我最关注的一点，就是摄入优质的可可和红葡萄酒，因为其中含有的多酚氧化酶有抑制衰老的效果。

BON JUICE

这款果汁是采用日本产的无农药、自然栽培的蔬菜和水果制成的冷压果汁。味道浓郁，而且营养价值很高。在自带食材宴会中，宾客们有时候会烦恼到底该带些什么，如果买市售的食品，那么除了味道之外，还有很重要的一点就是这个商品是否带有话题性，能否被人们津津乐道。BON JUICE很不耐放，只能在前一天晚上或者当天早上去超市购买。这样不容易买到的果汁，反而更显示出它的价值。

胡萝卜片

这种胡萝卜片是由压榨冷压果汁后提取出来的膳食纤维制成的。第一感觉可能是用果汁残渣制成的胡萝卜片不会好吃，但却意外地美味。而且除了味道好以外，外观及大小也都无可挑剔。

春

玻璃罐的春天

　　在宴会的菜单上写上料理名称，既方便自己，又能让宾客们知晓。这一次我使用了玻璃罐，将食物直接装进里面，端上餐桌。我用的是德国产的储物玻璃罐。宾客们可以根据个人喜好，尽情享用食物。此外，宾客们还能一起参与料理的制作，比如烧烤、火锅，更能萌生出亲切感。

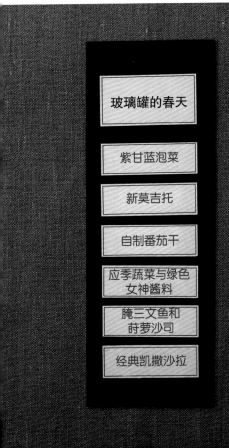

玻璃罐的春天

紫甘蓝泡菜

新莫吉托

自制番茄干

应季蔬菜与绿色
女神酱料

腌三文鱼和
莳萝沙司

经典凯撒沙拉

主题

　　在这场宴会中，你能够体验到终极的自助服务，而且主人也能乐在其中。将料理放到玻璃罐中，宴会结束后，如果酱料还有剩余，就可以直接盖上盖子，放到冰箱里冷藏。如果做得太多了，还可以让宾客们连同玻璃罐一同带回家，作为纪念品也是很好的。

时间安排 （宴会前日）
　　买腌三文鱼
　　制作与腌三文鱼相配的莳萝沙司
　　制作番茄干
　　制作绿色女神酱料
　　制作经典凯撒沙拉酱和炸面包丁
　　制作紫甘蓝泡菜
　　制作薄荷糖浆 / 榨酸橙汁
　　烤混合谷物面包 / 清洗长叶莴苣
　　将普切塔要用的长棍面包放入烤箱烘烤

（宴会当日）
　　将绿色女神酱料中需要用的蔬菜切好
　　长叶莴苣切成易于食用的大小
　　准备好腌三文鱼和紫皮洋葱细丝等

餐单

紫甘蓝泡菜

新莫吉托

自制番茄干

应季蔬菜与绿色女神酱料

腌三文鱼和莳萝沙司

经典凯撒沙拉

　　准备好了腌泡汁、酱料和沙司以后，宴会随时可以开始。除了告诉宾客们腌三文鱼与莳萝沙司搭配以外，其他的就没有需要特别说明的了。宾客们可以根据自己的喜好，自由组合，尽情地享受这次宴会。

新莫吉托

无酒精的莫吉托。
清新的薄荷最适合春夏了。

■ 材料　1杯份
薄荷糖浆 …… 1～2大勺
酸橙汁 …… 1大勺
碳酸水 …… 120～150ml
薄荷叶（点缀用）…… 适量
酸橙（点缀用）…… 1切片 >> 切成半月形
冰块 …… 适量

■ 制作方法
　　杯子中放入冰块，倒入薄荷糖浆、酸橙汁，注入碳酸水。轻轻搅拌，在上面点缀薄荷叶和酸橙片。

薄荷糖浆（成品300ml）
■ 材料
薄荷叶 …… 30g（约3袋）
细砂糖 …… 170g
水 …… 200ml

■ 制作方法
　　1.小锅内倒入水，放入细砂糖，加热至沸腾。离火后，放入薄荷叶，盖上盖子，闷5min左右。
　　2.滤去薄荷叶，放凉。可以冷藏保存30～40天。

宴会美食
紫甘蓝泡菜

提前一天做好，这样在宴会当天才能充分入味。

■ 材料　多人份
<table>
<tr><td rowspan="11">A</td><td>黄糖 …… 100g</td></tr>
<tr><td>醋（京都千鸟醋）…… 300ml</td></tr>
<tr><td>水 …… 100ml</td></tr>
<tr><td>食盐 …… 1大勺</td></tr>
<tr><td>香叶 …… 2片</td></tr>
<tr><td>丁香 …… 5粒</td></tr>
<tr><td>香菜（粉）…… 1小勺</td></tr>
<tr><td>胡椒粒 …… 1小勺</td></tr>
<tr><td>红辣椒 …… 2根 >> 剖开，去籽</td></tr>
<tr><td>大蒜 …… 1瓣 >> 不切，整个拍碎</td></tr>
</table>

紫甘蓝1/2个 >> 洗净，将叶片切成易于食用的大小

■ 制作方法
　　将A放入小锅内，加热至沸腾。放凉后，装入密封罐内，放入紫甘蓝。摇一摇，确保紫甘蓝全部浸泡到调料中。放一晚，第二天就可以吃了。

自制番茄干

做好后可以随时吃。铺在长棍面包上，好看又好吃。番茄干吃完了，残留的汤汁也很美味，可以用来做意大利面。

■ 材料

圣女果 …… 2袋
食盐 …… 1撮
大蒜 …… 2瓣 >> 拍碎
香草（牛至、迷迭香、百里香等）…… 4～5根 >> 撕碎
橄榄油 …… 适量

■ 制作方法

1. 圣女果去蒂，纵向剖开，去瓤，轻轻地把多余的汁液挤出去。

2. 放到烤网上，切面朝上摆放好，放入130～140℃的烤箱内，烘烤50～60min，烤干水分。

3. 将步骤2中的食材装入保存瓶中，放入食盐、大蒜、香草，均匀地淋上橄榄油即可。

应季蔬菜与绿色女神酱料

这道料理的口味很温和，酱料需提前一天做好。还可以用来蘸食油炸食物，很不错。

■ 材料　4～5人份

	鳀鱼 …… 2段（约25g）>> 用纸吸去油
	洋葱 …… 40g >> 切碎（如果辣，用水浸一下）
	香芹 …… 30g >> 切碎（只用茎）
A	蛋黄酱 …… 120g
	酸奶油 …… 60g
	白葡萄酒醋 …… 1/2 大勺
	食盐 …… 1/2 小勺
	胡椒粉 …… 少许

各种应季蔬菜（胡萝卜、西芹、莴苣、芜菁、长叶莴苣等）…… 适量 >> 切成易于食用的大小。若为西蓝花、芦笋等，切成易于食用的大小后需煮熟

■ 制作方法

将A倒入料理机中，充分搅碎混合。添上应季蔬菜即可。

凯撒沙拉酱

腌三文鱼和莳萝沙司

　　用食盐、砂糖和莳萝等腌渍而成的三文鱼，是北欧地区的经典菜肴。腌渍48h左右的三文鱼最是美味的，如果腌渍时间短，可以添加莳萝沙司来弥补。

腌三文鱼

■ 材料　6人份

刺身用三文鱼块（带皮，有脂肪）
……300g×2

A
盖朗德盐之花（细粒）……1¹/₂大勺
黄糖……1¹/₂大勺
白胡椒粒……2小勺 >>研碎

莳萝……3袋（只使用叶片，2袋用于腌渍三文鱼，1袋用于做莳萝沙司和装饰）

伏特加酒……30ml

■ 制作方法

　　1.三文鱼用吸水纸擦干，如果有鱼刺，剔除鱼刺。

　　2.将A全部混合在一起。

　　3.在保鲜膜上铺上1/2袋莳萝，将1块三文鱼（300g）鱼皮朝下摆在上面，涂抹上半份A，轻轻揉入味。再放上1/2袋莳萝，洒半份伏特加酒。将另一块三文鱼以同样的方式摆在上面，也就是两块三文鱼中间夹一层莳萝。为了表面平整，两块三文鱼肉厚和肉薄的部分交叠放置。放平后，用保鲜膜紧紧包上。

　　4.将步骤3中的食材放进深盘中，再用小一些的盘子压在上面，重量为3～4个番茄罐头那么重，压好后冷藏。

　　5.腌渍24h以后，上下颠倒一下，撒掉溢出的水分，继续腌渍24h（根据喜好，也可再多腌渍24h）。揭下保鲜膜，倒出调料，取出莳萝，剔除三文鱼皮，将三文鱼切成尽可能薄的片。

莳萝沙司

■ 材料　6人份

芥末……1大勺
蜂蜜……2小勺
白葡萄酒醋……1大勺
莳萝……1～2大勺 >> 切碎
食盐、黑胡椒……适量
橄榄油……约40ml

■ 制作方法

　　将除橄榄油以外的食材充分混合。最后再加入橄榄油，充分混合后乳化。

经典凯撒沙拉
经典老配方。
同腌三文鱼搭配在一起，也很美味。

■ 材料　6人份
烤面包丁
无盐黄油 …… 30g >> 熔化
初榨橄榄油 …… 2大勺
长棍面包 …… 1根 >> 削去面包皮，
切成边长1.5~2cm的小块
A ｜ 食盐 …… 1/2小勺
｜ 胡椒粉、卡宴辣椒粉 …… 少许

沙拉酱
大蒜 …… 2瓣 >> 去皮，纵向剖开，去芽
牛奶 …… 适量
B ｜ 鳀鱼 …… 1段（约15g）
｜ 食盐 …… 1小勺
｜ 黑胡椒 …… 少许
｜ 柠檬汁 …… 1大勺

噁汁 …… 1小勺
第戎芥末酱 …… 1/2小勺
蛋黄酱 …… 1大勺
初榨橄榄油 …… 80ml

长叶莴苣 …… 适量 >> 洗净沥干，
切成易于食用的大小
帕尔玛干酪 …… 适量

■ 制作方法
1. 将A充分混合。
2. 制作烤面包丁。烤箱预热至200℃。无盐黄油和初榨橄榄油混合，涂抹在长棍面包块上。加入A，充分混合后，铺在烤箱托盘上，不要叠放，烘烤10min左右，烤出焦色。
3. 制作沙拉酱。小锅内放入大蒜，倒入牛奶，没过大蒜即可。小火煮，煮至大蒜变软，慢慢沥去汁水。放入料理机中，加入B，搅拌，分2~3次放入初榨橄榄油，乳化沙拉酱。
4. 长叶莴苣中加入烤面包丁和适量沙拉酱，轻轻混合。装盘，把帕尔玛干酪撕碎，放在上面。

根据喜好自由组合

混合谷物面包

　　直接向混合谷物面包粉盒子内注入45℃的水，盖紧盖子，用力摇45s左右，之后将面糊注入模具中，发酵45min，放入200℃的烤箱内烘烤45min。只需很简单的几步，就能烤出既健康又美味的面包。

番茄干普切塔

　　将味道香浓的番茄干铺在长棍面包上，光是看着就已经很美味了。可以再涂抹上初榨橄榄油，撒一些粗粒食盐，放上罗勒叶，甚至放一些鳀鱼上去。

长棍面包＋应季蔬菜与绿色女神酱料

蔬菜和酱料搭配着吃，已经非常美味了。如果再加点胡萝卜、彩椒等有嚼头的食材，夹在两片长棍面包中间，就成了三明治。再来点火腿、芝士，一顿美味的午餐就呈现在眼前了。

腌三文鱼＋紫甘蓝泡菜

在混合谷物面包上摆上腌三文鱼和紫甘蓝泡菜。再放点紫皮洋葱丝、黑胡椒、刺山柑、莳萝等也是不错的。

餐桌布置

以玻璃罐为主的餐桌

在这场宴会中，很重要的一点就是，要在玻璃罐上面贴上标签。看了标签，宾客们就可以大致想象出玻璃罐里面的料理。这样能够使宴会进展得很顺利。此外，用玻璃罐和用盘子装料理不太一样，玻璃罐有一个特点就是装在里面的食物可以从侧面看到，所以，在装料理的时候，要注意侧面的美观性。

1. 装番茄干、腌三文鱼、莳萝沙司
   ϕ9cm×h5cm

2. 装经典凯撒沙拉酱
   ϕ9cm×h9cm

3. 装紫甘蓝泡菜
   ϕ7cm×h5cm

4. 装绿色女神酱料和应季蔬菜
   ϕ7cm×h8.5cm

5. 装烤面包丁
   ϕ11cm×h15cm

3和4可以放在三叶草餐架上使用。将涂有果酱或黄油的吐司面包放在架子上，连普通的早餐也有了大酒店的感觉。
3和4的罐口大小适宜，使用方便，还可以直接放入小勺。
1的罐口很大，不管放什么，用着都很方便。

　　玻璃罐和白色的器皿搭配在一起，给人春天的清爽感。装满冰块的水罐和铺在玻璃罐下面的餐垫，也会给人清凉的感觉，还能保持清洁。

　　宴会的主角是玻璃罐，所以，为了拿取方便要放在桌子的中间。在玻璃罐下边放一个亚克力板，既能突出重点，又显得不那么随便。此外，各种物件分类摆放也能使餐桌干净整齐。

　　为了突出玻璃罐，可以利用三叶草餐架来增加层次感。这次，我在最小的玻璃罐里面装上了紫甘蓝泡菜，以便装点餐桌。

　　餐具选用的是时尚的白色方盘。白色蒸锅里放有酸橙，以及装有薄荷糖浆的水罐等，还包括做新莫吉托的一些必要食材。

白色方盘

　　简约的方盘（26cm×26cm），单独来看的话，有些冷淡，不方便使用。但是，大盘子和小盘子（13.5cm×13.5cm）组合在一起，就有了托盘的感觉。不论是日常还是宴会，都很推荐这种用法。此外，若成套购入，还可以开发出不拘一格的搭配方式，非常有魅力。

白盘与亚麻垫布的组合

　　垫布可以让普通的器皿焕发出不一样的光彩。所以，在买新盘子之前，不如先找一找美丽的垫布。日式的垫布一般与肩同宽，我选用的是稍微大一些的垫布，长、宽大约都为50cm，用着很顺手。

　　这次宴会里没有鲜艳的盘子，所以垫布的颜色就要明亮。在使用玻璃器皿的时候，如果直接放在垫布上面，玻璃上就会映照出垫布的颜色，这样会影响料理的美感。所以，可以在垫布和玻璃器皿之间放一个黑色小碟。

　　此外，在装面包的器皿下面，以及在可能会滴水的水罐下面，都应该铺上垫布。

垫布

　　紫色的垫布很有时尚感。50cm×35cm

　　橙色是温暖的颜色，用在秋天的餐桌上，最合适不过了。50cm×36cm

　　条纹垫布特别适合早餐、早午餐这样的时间。50cm×35cm

　　黑橄榄色是百搭色。45cm×33cm

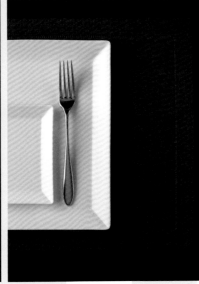

夏

夏日早餐

有时候，终于把时间、场所，以及宴会的风格定下来了，但是突然改变时间了怎么办？宴会经常是在晚上举办，改成白天会不会有不同的感觉呢？这次，我们举办的是夏日早餐宴会，准备的都是一些大家喜欢的美食。想到早餐这一不同寻常的关键词，是不是脑海里已经涌现出了各种别致的菜谱了呢？

主题

　　宴会的主题是早餐。按照大家的情况，把时间定在早午餐这个时间比较好。而且要在前一天准备很多东西，第二天才能保证宴会的顺利进行。这次有个特别的料理，就是在餐桌上现场烤薄饼，还可以根据喜好加入不同的食材。

　　首先，在前一天要做好西班牙冷汤，将鸡肉面包片烤好。因为，这两道料理都是放一天之后才更入味，更美味。把鸡肉面包片放入烤箱之后，就可以着手做炸土豆片了。如果时间充裕，还可以提前把水果黄油做好。如果前一天能把做薄饼的材料计量好就更完美了。宴会当天，只需要把做薄饼的材料混合好，烤一下就可以了。今天是家庭宴会，所以不妨让一直为我们烤薄饼的妈妈休息一天，爸爸、宾客们（包括孩子们）动手，会不会也是个不错的想法呢?

夏日早餐
今天的主厨是谁?

西班牙冷汤
包含 5 种新鲜蔬菜、白葡萄酒
醋和橄榄油

经典烤薄饼
香肠
三文鱼
火腿
豆瓣菜
香蕉
3 种莓果
猕猴桃
枫糖浆 / 巧克力酱 / 草莓黄油 /
蓝莓黄油 / 甜杏黄油

鸡肉面包片
鸡肉与紫皮洋葱酱的完美搭配

自制炸土豆片
好吃得根本停不下来

茶
咖啡
香槟

餐单

经典烤薄饼
草莓黄油 / 蓝莓黄油 / 甜杏黄油
西班牙冷汤
鸡肉面包片和紫皮洋葱酱汁
自制炸土豆片

　　盛夏时节来临,天气会比较热,先给宾客们来一份清凉的西班牙冷汤。主食是鸡肉面包片,所以紫皮洋葱酱汁和芥末粒一定要准备充足。宴会进行到半程的时候,就该吃甜甜的烤薄饼了,最后再来点炸土豆片。这样的夏日早餐宴会十分令人向往。

时间安排

(宴会前日)
制作西班牙冷汤
称量好烤薄饼所需的食材
制作水果黄油,装盘
制作紫皮洋葱酱汁
烤鸡肉面包片
制作炸土豆片

(宴会当日)
打发烤薄饼所需的鲜奶油
烤薄饼

宴会美食

经典烤薄饼

这种松软甜香的烤薄饼既可以当作主食，又可以当作甜品，实在是既简单又美味。

■材料　23个直径10cm的饼

A	低筋粉 …… 190g
	食盐 …… 1/2小勺
	糖粉 …… 1大勺
	发酵粉 …… 4小勺
B	鸡蛋 …… 2枚
	牛奶 …… 200ml
	熔化的黄油 …… 65g

黄油（分量外）>> 将其熔化

■制作方法

1. 将A中的食材充分混合。

2. 另取一个碗，将B充分混合。

3. 将步骤1中的食材筛入步骤2的食材中，制作面糊。

4. 用少量黄油（分量外）涂抹烤饼锅，加热一会儿，倒入面糊，调至中小火，烤至表面松脆，翻面，烤出焦色。

草莓黄油、蓝莓黄油、甜杏黄油

■3种水果黄油的制作方法

将无盐黄油打发，加入1小撮盖朗德盐之花，黄油和果酱按照3：2的比例混合。果酱就是市售的那种。这次使用的是草莓果酱、蓝莓果酱、甜杏果酱。

●以无盐黄油为主，放入切碎的莳萝，就是莳萝黄油。放入柠檬皮碎（将柠檬皮研碎）就是柠檬黄油。做这两种黄油也要加入1小撮盖朗德盐之花。

这些黄油不但可以涂抹三明治，也可以用来做煎鱼和蒸土豆，都很美味。

左上／将与烤薄饼相配的甜品放在托盘里。水果黄油、枫糖浆、打发奶油、薄饼面糊、糖粉等，放在一起，取食方便。

右上／烤出焦色的烤薄饼。若烤的时间过长，就会变得干巴巴的。

左下／烟熏三文鱼、火腿、红菊苣、沙拉菜、豆瓣菜等叶类蔬菜。宾客们可以根据个人喜好，配着烤薄饼一起吃。

29

烤薄饼的多样吃法

烤薄饼经常与甜品、小零食等一同食用，也可以与培根、
香肠等咸味食品相搭配。
所以，要准备尽可能多的各种食材，
以便宾客们自由组合。

1　烤薄饼比较小，煎了个鹌鹑蛋放在上面。旁边配上了市售的橄榄酱和香芹叶。小小的圆形，看起来十分可爱。

2　两个烤薄饼叠放在一起，上面摆放了烟熏三文鱼、酸奶油，以及用水浸过的紫皮洋葱丝。柠檬切成半月形，点缀在旁边。若条件允许，还可以放上莳萝和芥末。

3　两个烤薄饼叠放在一起，上面摆放了蓝莓、树莓、蓝莓黄油，最后撒了糖粉加以点缀。

4　在烤薄饼旁边摆放上了烤香肠、紫皮洋葱酱汁和芥末。烤薄饼上面还零星撒了几片菜叶。

5　烤薄饼上面放有切成小块的猕猴桃、草莓。旁边摆放的是打发奶油。最后淋了一些巧克力酱加以点缀。

6　香蕉斜切成易于食用的大小，同培根一起烤至酥脆，然后摆放在烤薄饼上，又是一个创意组合。最后再撒上点枫糖浆，格外美味。

西班牙冷汤

如果买到了好吃的番茄，一定要试着做一次冷汤。将成熟的番茄买回家后，可以放在向阳的地方继续追熟。等到番茄变得松软，连皮都可以剥下来的时候，最适合做冷汤了。如果没有这样的番茄，用圣女果代替也可以。但是圣女果的皮比较紧，所以用榨汁机榨过之后，一定要过滤一遍。放点伏特加，味道会更加丰富。这道冷汤一定要在前一天做，放一晚上再喝。

■ 材料　约制作900ml的量

A

成熟的番茄 …… 1.1kg >> 去瓤，切成大块

黄瓜 …… 2根 >> 去皮，去瓤，切成大块。提前舀出1大勺，切成小块，装饰用

洋葱 …… 1/8个 >> 切碎

胡萝卜 …… 65g >> 切碎

红椒 …… 1/2个 >> 去籽，切碎

大蒜 …… 1/4个 >> 切碎

橄榄油 …… 1大勺

B

白葡萄酒醋 …… 1大勺

柠檬 …… 1/2个 >> 榨汁

食盐 …… 2撮左右

胡椒粉 …… 少许

伏特加 …… 根据个人喜好备量

■ 制作方法

1.将A中的食材全部放入料理机中，搅打至柔滑。倒入B，调味。可根据喜好加入伏特加。

2.若有粗渣，需过滤一下。

3.再次确认味道，必要的话，再次调味。放入冰箱，冷藏一晚。

4.将冰镇冷汤倒入冰凉的玻璃杯里。在上面点缀黄瓜块。

●一定要冷藏一晚，味道才会更好。

●盛夏时节，可以将冷汤冷冻起来，取出一半冷冻的量，放入料理机中搅拌，一款沙冰冷汤就做好了。

鸡肉面包片和紫皮洋葱酱汁

鸡肉面包片即使放凉了，也依然细腻美味。出去野餐的时候，带一些鸡肉面包片，就可以随时随地做出美味的三明治了。如果不喜欢香草的味道，可以稍微减一点量。洋葱酱汁可以提前做好，冷冻保存，自然解冻就可以继续使用了。还可以配着烤鸡肉和汉堡吃。

鸡肉面包片

■ 材料　8～10人份
面包片模具17cm×8cm×6cm　2台份
橄榄油 …… 1大勺
黄油 …… 1大勺
洋葱 …… 180g >> 切碎
大蒜 …… 15g >> 切碎
A { 干百里香 …… 1/2小勺
甘牛至 …… 1小勺
多香果 …… 1/2小勺 }
鲜奶油 …… 200ml
食盐 …… 1小勺
B { 鸡肉馅 …… 900g
（鸡腿肉450g+鸡胸肉450g）
面包粉 …… 60g
鸡蛋 …… 2枚 >> 轻轻搅拌蛋液
欧芹 …… 30g >> 切碎
番茄酱 …… 3大勺
芥末粒 …… 1大勺
胡椒粉 …… 少许 }

■ 制作方法
1. 锅内放入橄榄油、黄油，中火加热，放入洋葱、大蒜，翻炒至三四分熟。放入A、鲜奶油、食盐，煮至沸腾，搅拌均匀，收汁至还剩1/3左右的量。盛入碗中，放凉。
2. 待步骤1中的食材冷却下来之后，放入B，充分混合，倒入面包片模具中。
3. 放入180℃的烤箱中，烘烤约30min，取出翻面，再烤10min后取出翻面，之后再烤10min，两面都烤出焦色。

紫皮洋葱酱汁

■ 材料　8～10人份
紫皮洋葱 …… 100g >> 切成细丝
意大利香醋 …… 1小勺
蜂蜜 …… 1/2小勺
番茄酱 …… 60g
食盐、胡椒粉 …… 各少许

■ 制作方法
1. 除番茄酱、食盐和胡椒粉以外，其他食材放入小锅内，加热，小火煮15min左右，不要煳了。
2. 放凉后，放入料理机中，搅至糊糊状。放入番茄酱，撒上食盐、胡椒粉调味。

自制炸土豆片

■ 材料　6～8人份
土豆 …… 3个
煎炸油（根据喜好选择菜籽油或橄榄油）…… 适量
盖朗德盐之花 …… 适量

■ 制作方法
1. 土豆洗净，去芽。带皮放入切片机中，切成薄片。
2. 放到吸水纸上，去除水分。低温炸好后，撒上盖朗德盐之花。

● 鸡肉不一定非要选用450g鸡腿肉、450g鸡胸肉，搭配着够900g即可。

● 鸡肉面包片可以直接吃，也可以烤一下做三明治。夹上一些自制炸土豆片、紫皮洋葱酱汁、芥末粒、豆瓣菜等就更美味了。

● 自制炸土豆片在放入容器里保存的时候，要加点干燥剂（硅胶）。

餐桌布置

收集白色器皿

　　既然是早餐，那么餐桌就要布置得清爽一点。

　　此次宴会的主角是烤薄饼锅。直接放到餐桌上，宾客们围坐在四周，让烤薄饼的人有一种大厨的感觉。而且不但能烤薄饼，还能烤香肠，煎鹌鹑蛋。一个小小的烤薄饼锅就能产生无数乐趣。器皿以白色的和透明玻璃的为主，能够给人以清爽的感觉。垫布选用防水的，弄脏了只需要用湿布擦一下就可以了，很方便。

●银色托盘 φ36.5cm
这种托盘经常用来盛装玻璃杯。这次，用它来盛装有枫糖浆、打发奶油、水果黄油等的器皿。再取一个相同的盘子，直接盛意大利熏火腿和叶菜。通过两个盘子的映射，整个餐桌更加熠熠生辉。

●迷你碗 φ11cm×h5.8cm
装打发奶油和莓类水果。

挑选白色器皿的时候要慎重。因为白色有很多种，比如灰白、米白。白色器皿可以选用大品牌的，种类很多，挑选的时候要选择同一色调的，而且要与家里日常风格相搭配。

●乳白陶瓷罐 φ7cm×h11cm
在倒烤薄饼面糊和巧克力酱等浓稠的液体时，尽量不要使用透明玻璃器皿，而是将液体装在陶瓷罐里。

●小椭圆盘 φ长径11cm
用来装酱料、食盐、胡椒粉、巧克力酱等。这种小盘子能让餐桌更加灵动。

●玻璃高脚果盘（p33）φ30cm × h11.5cm

既可以装开胃菜，又可以装松饼、手工蛋糕等。高脚果盘的高度适中，不会妨碍宾客的视线。冷餐会上有一个这样的高脚果盘，一下子就变得奢华起来了。

●白色船形器皿 φ 长径48cm × φ 短径14.5cm × h7.5cm

如果冷餐会上都是白色圆盘，未免有些单调，所以需要有船形盘子来调节氛围。船形盘子有三种大小，用来装香肠、烤薄饼都不错。这么别致的形状还可以用来作装饰。里面装上绿色沙拉，再放点番茄进去，简直清新得不可思议。而且船形盘子是瘦长的，不占地方，可以放在餐桌中间，很方便。

●烤薄饼锅 φ27cm

可以同时烤出7个 φ10cm的薄饼。还可以用来烤香肠和煎鹌鹑蛋，很方便。

●燃气炉

新款燃气炉。因为经常会用到燃气炉，所以在购买的时候一定要挑好的买。

●鸡尾酒玻璃杯 φ11cm × h13cm

在平凡的餐桌上，放几个鸡尾酒玻璃杯，一下子就洋气起来了。

这种杯子用来装青豌豆浓汤、南瓜汤等都可以。夏天在使用鸡尾酒玻璃杯前，要把它放到冰箱里冰镇一会儿，这样会给宾客们带来更好的体验。

●白色圆盘 φ27.5cm

略带灰白的盘子能凸显料理的色泽，而且同浅灰色或者黑色的垫布搭配在一起，很高雅。

●垫布47.5cm × 35.5cm

这次使用的垫布略微带点豪华感，而且同任何盘子搭配在一起都协调。

●自然色亚麻织品44cm × 65cm

用一条纸将餐巾布和刀具捆绑在一起，会显得精致用心。而且纸上还可以写上字，比如：美好的一天从早餐开始。

夏

户外家庭婚礼宴会

近些年来，越来越多的人选择户外婚礼。这是因为许多夫妇觉得，在酒店和餐厅里会很拘束，所以选择了这种原汁原味的婚礼，有的还会请朋友来主持。我在做宴会设计的时候，也经常会帮别人设计婚礼宴会，这种户外家庭婚礼会是人们温暖一生的回忆。

（菜单）边长 7cm 正方形，高 1cm

（盛放墨西哥卷饼的亚克力板）
亚克力板　30cm×30cm×0.5cm　1块/20cm×20cm×
0.5cm 1块
亚克力正方体　边长 4cm 8个
蜡纸
彩纸

（热那亚沙拉）
亚克力板　40cm×40cm×0.5cm　1块
亚克力正方体　边长 4cm 4个
食物包装盒　9.5cm×7.5cm×8.5cm（底 7.5cm×5.5cm）

（装莓果的圆锥纸卷以及亚克力板）
亚克力板　30cm×30cm×0.5cm　　1块/圆孔亚克力板
27cm×27cm×0.5cm　　1块
亚克力正方体　边长 4.5cm 4个/边长 4cm 4个

主题

在天气晴朗的季节里不妨来一次花园婚礼。婚礼的主色调是淡蓝色，因为这是一种能让人幸福的颜色。户外婚礼经常会受天气的影响，所以我们首先要应对风。选用的布料要有点重量，这样不容易被风影响。料理也要仔细包好，否则会变干。这次准备了亚克力板来代替盘子等，杯子也选用了塑料制品，装香槟的塑料杯子要选用稳定性好的。风比较大的时候，在使用前记得将杯子和餐巾装在篮子或盒子里。

餐单

婚礼蛋糕

热那亚沙拉

3种芝士的意式烤面包

莓果卷

墨西哥卷

在户外办宴会，手拿食品更方便。意式烤面包要在宴会开始不久前再做，否则会变干。其他料理也要尽可能用纸、小盒子等包装好，以免受到风的影响。此外，包装纸、缎带、胶条、姜饼等也都要与婚礼色调统一。婚礼蛋糕里含有浓浓的蓝罂粟籽、奶油芝士以及酸奶油，再在上面点缀上蓝色的心形姜饼，任何人看了都会惊叹不已。

时间安排

（宴会前日）

烤饼干，制作糖衣

烤婚礼蛋糕

制作纸卷

制作青酱

切红椒

洗墨西哥卷要用的长叶莴苣

将菲达芝士和鲜奶油混合

将奶油芝士与糖粉混合

（宴会当日）

装饰蛋糕

卷墨西哥卷

将沙拉装到盒子里

做好意式烤面包

将莓果放入纸卷中

灵活运用亚克力板

亚克力板和小方块能够组合成一个台子，用来代替盘子等再合适不过了。为了让亚克力板更加稳固，可以在小方块下面贴上透明胶条。在两块亚克力板中间，还可以放上喜欢的照片、卡片等，使用起来很灵活。但是亚克力板也有缺点，就是容易印上指纹，以及容易划伤，所以在进行餐桌布置的时候，记得戴上手套。

使用结束后，轻轻地用毛巾擦一擦，或者用流水冲洗干净就可以了。

塑料制品使用起来很方便
也有塑料制的香槟杯和冷酒器

39

（放婚礼蛋糕的亚克力板）
亚克力板　40cm×40cm×0.5cm　1块
　　　　　30cm×30cm×0.5cm　1块
　　　　　20cm×20cm×0.5cm　1块
亚克力正方体　边长4cm　12个

40

宴会美食

婚礼蛋糕

蓝罂粟籽独特的口感让蛋糕变得格外诱人。

在举办婚礼的时候，婚礼蛋糕往往是最先端上来，却最后吃的，所以耐久性一定要好。推荐使用奶油芝士和酸奶油，浓郁醇香又有厚重感，放一段时间也不会变味，而且搬动的时候，也是稳如泰山。

蛋糕做好后，可以横向切成两半，在里面塞上应季的水果，或者在上面点缀水果亦可。

■ 材料　23cm×23cm 模具 1 台份

无盐黄油 …… 330g >> 常温熔化

糖粉 …… 360g

鸡蛋 …… 7 枚

香草精 …… 1½ 小勺

A
发酵粉 …… 2½ 小勺
食盐 …… 3/4 小勺
低筋粉 …… 470g

B
牛奶 …… 240ml
柠檬皮碎（柠檬皮研碎）……1个份
橙子皮碎（橙子皮研碎）…… 1/2 个份
酸橙皮碎（酸橙皮研碎）……1个份
蓝罂粟籽 …… 60g

C
奶油芝士 …… 200g >> 常温熔化
糖粉 …… 1/2 大勺
酸奶油 …… 200g >> 常温熔化

D
细砂糖 …… 2 小勺
鲜奶油 …… 200ml

■ 制作方法

1.烤箱预热到180℃。在模具上涂上薄薄一层无盐无盐黄油（分量外），在底部、四周都贴上烤箱纸。

2.在料理机内放入无盐黄油，中低速打 1～2min。糖粉分 3～4 次放入，鸡蛋一枚一枚地放进去，再次搅拌，搅拌至面糊变松软，放入香草精。

3.在步骤 2 的食材中加入 B 混合，再筛入混合好的A，搅至柔滑。

4.将食材注入模具中，烤40min左右，表面变成金茶色，中心烤熟，制成蛋糕坯。

5.制作蛋糕坯上涂的奶油。将C放入碗中，充分混合。

6.放入D，打发至八分左右，分3次放入步骤5的食材中，拌匀。

7.将做好的奶油均匀地涂在蛋糕坯上。

装饰用的饼干

■ 材料　约4cm的心形模具30份

无盐黄油 …… 120g >> 常温熔化

糖粉 …… 70g

鸡蛋 …… 1 枚

A
食盐 …… 2g
面粉 …… 300g
杏仁粉 …… 40g
>> 混合过筛

■ 制作方法

1.无盐黄油中加入糖粉，充分混合，搅拌均匀的鸡蛋一点点地放进去，混合。

2.向步骤1的食材中加入A混合，分成两等份，用保鲜膜包住，放入冰箱冷藏至少3h。

3.面团擀成5mm左右的厚度，压模，放入180℃的烤箱内，烘烤10min，放凉。

4.这次的饼干在烘烤的时候，是用竹扦穿着的，烤好后拔出竹扦，插上水晶扦，插在蛋糕上作装饰。

糖衣

■ 材料　40～50片

A
糖粉 …… 100g
干燥蛋清 …… 3g
水 …… 1 大勺

色粉（青色）……适量

■ 制作方法

1.将A混合均匀，用勺子舀一下，如果能黏稠落下即可。分成两等份，其中一份放入青色粉，调至喜欢的颜色。

2.将步骤1注入裱花袋，挤在饼干上作糖衣。

热那亚沙拉

■ 材料　12人份（食物盒12份）
螺旋面 …… 350g
红椒 …… 1个 >> 切细丝，较厚的地方削薄后再切细丝
番茄干（大一点的）…… 5片 >> 十字切开
橄榄（去核）…… 12粒
意大利熏火腿 …… 5片 >> 切成易于食用的大小
食盐、胡椒粉 …… 各少许
罗勒叶（装饰用）…… 12片
柠檬 …… 1个 >> 切成12个半月形

A ┃ 青酱 …… 100ml
　┃ 醋 …… 1～2大勺
　┃ 蛋黄酱 …… 1大勺

■ 制作方法
　1.螺旋面按照包装上的说明煮熟，软一点比较好。沥干后放入A，充分拌匀。放入红椒、番茄干、橄榄、意大利熏火腿，混合。
　2.尝一口，稍微多放点食盐、胡椒粉。
　3.放入盒子里，用罗勒叶、柠檬装饰。

●青酱

■ 材料　做好后约200ml
罗勒 …… 1袋（净重20g，去除硬梗，摘下12片漂亮的叶子用作装饰，其余全部用来做酱）
大蒜 …… 1瓣（约8g）>> 切半，去芽
核桃 …… 满满2大勺 >> 烤熟，切碎
欧芹 …… 2大勺 >> 切碎
帕尔玛干酪 …… 3大勺 >> 擦碎
食盐 …… 1/2小勺
胡椒粉 …… 少许
初榨橄榄油 …… 100ml

■ 制作方法
　将食材全部放入料理机中搅拌。做好后约为200ml。一次使用100ml左右，剩余的放入密封袋中，放入冰箱冷冻保存。

3种芝士的意式烤面包

●菲达芝士意式烤面包

■ 材料

A ┃ 菲达芝士 …… 40g
　┃ 鲜奶油 …… 2大勺

红葱 …… 2大勺 >> 切碎
胡椒粉 …… 少许
青色圣女果 …… 适量 >> 切半
白色食用三色堇（装饰用）…… 6～7个
长棍面包 …… 1/2根 >> 切成6～8

片7mm厚的片

■ 制作方法
　1.将A充分混合，搅至柔滑，加入红葱、胡椒粉，混合均匀。
　2.将步骤1中的食材涂在长棍面包上，点缀上青色圣女果，将三色堇的花瓣压进奶油中。

●苹果奶油芝士意式烤面包

■ 材料

A ┃ 奶油芝士 …… 50g
　┃ 糖粉 …… 1/2大勺

苹果酱（市售）…… 适量
核桃 …… 适量 >> 烤熟
长棍面包 …… 1/2根 >> 切成6～8片7mm厚的片

■ 制作方法
　将A充分混合，涂抹在长棍面包上，放上苹果酱、核桃装饰。

●火腿布里干酪意式烤面包

■ 材料
布里干酪 …… 适量
意大利熏火腿 …… 适量
带有橄榄的长棍面包 …… 1/2根 >> 切成6～8片7mm厚的片

■ 制作方法
　在带有橄榄的长棍面包上放入布里干酪，最后点缀上意大利熏火腿。

莓果卷

■ 材料
纸（冰蓝色，12cm×13cm）……10片
烤箱纸（13.5cm×16.5cm）……10片
贴纸（3cm×3cm）……10片
双面胶……适量
莓果（草莓、蓝莓、黑莓等）……
各1袋
薄荷……适量

■ 制作方法
1.将冰蓝色的纸卷成圆锥形，
封口处用双面胶固定，双面胶不要
露出来。
2.烤箱纸也卷起来插进纸卷中，
用贴纸将二者固定。
3.放入莓果，摆放得好看一些。
最后放上薄荷点缀。
● 这种纸
卷大大提升了宴
会的品位。可以
用带圆孔的亚克
力板，也可以把
纸卷插在香槟
杯里。

墨西哥卷

包装纸
蜡纸（13.5cm×15.5cm）……10张
蓝色彩纸（13.5cm×15.5cm）……
10张
贴纸……10片
蜡纸具有很强的耐油耐水性。先给
墨西哥卷包上一层蜡纸后，再包彩
纸。用贴纸将二者固定。

胡椒火腿卷5个

■ 材料
卷皮……1片（25cm）
长叶莴苣……2片 >> 洗净，沥干
胡椒火腿……85g
奶油芝士……7g
芥末粒……5g

■ 制作方法
1.将卷皮展开，左右交错放2
片长叶莴苣。放上胡椒火腿，均匀
涂上芥末粒，卷起。封口处用奶油
芝士固定。
2.胡椒火腿卷切成5等份，分别
包上蜡纸、彩纸，最后贴上贴纸。

三文鱼卷5个

■ 材料
卷皮……1片（25cm）
长叶莴苣……2片 >> 洗净，沥干
烟熏三文鱼……60g
奶油芝士……20g
刺山柑……8粒 >> 洗净，沥干

■ 制作方法
1.将卷皮展开，均匀涂上奶油
芝士（封口处要多涂一些）。左右
交错放2片长叶莴苣，放上烟熏三
文鱼，均匀撒上刺山柑，卷起。封
口处用奶油芝士固定。
2.三文鱼卷切成5等份，分别
包上蜡纸、彩纸，最后贴上贴纸。
● 切成一口大小，吃起来方
便，适合宴会。卷皮选用比较薄
的，这样不会给宾客造成太强烈的
饱腹感。如果是放在户外或有空
调的地方，一定要事先包上一层蜡
纸，否则会风干影响口感。

秋

红酒狂欢

火腿拼盘
* * * * *

奶酪拼盘
布里干酪
泰德莫尼奶酪
帕尔玛干酪
斯蒂尔顿干酪
* * * * *

迷迭香风味坚果
* * * * *

橄榄球
* * * * *

柠檬鸡
* * * * *

橙汁腌扇贝
* * * * *

香草沙拉和香醋酱料
* * * * *

煎苹果和香草冰激凌

红酒狂欢

"不带点葡萄酒过来一起喝吗？"举办家庭宴会的时候常常会听到这样的邀请。家庭宴会一定要尽可能举办得轻松愉快，不管是餐单还是餐桌布置，都要符合这个要求，来看一看我家的红酒宴会吧。

红酒狂欢

火腿拼盘

*****

奶酪拼盘

布里干酪

泰德莫尼奶酪

帕尔玛干酪

斯蒂尔顿干酪

*****

迷迭香风味坚果

*****

橄榄球

*****

柠檬鸡

*****

橙汁腌扇贝

****

香草沙拉和香醋酱料

*****

煎苹果和香草冰激凌

主题

　　宾客们每人带一瓶红酒，以及一道喜欢的料理来参加宴会。主人再准备几道简单别致的料理就可以了。因为不知道宾客会带什么样的红酒过来，所以菜谱的设定一定要符合大众口味。为了节省准备的时间以及体力，要好好利用超市里卖的成品。做料理的话，尽可能选用鸡肉、扇贝等常见的食材。大家来参加宴会的目的，并不只是期待你亲手做的美味料理，更是为了能在一起度过这段美好的时光。

餐单

火腿拼盘 / 奶酪拼盘

迷迭香风味坚果 / 橄榄球

柠檬鸡

橙汁腌扇贝

香草沙拉和香醋酱料

煎苹果和香草冰激凌

首先准备些火腿、肉饼、芝士、坚果、橄榄等开胃菜，以便尽情享用红酒。等宾客们到齐了之后，就可以端上已经放凉的橙汁腌扇贝和色泽诱人的柠檬鸡了，香草沙拉也可以此时奉上。

狂欢告一段落之后，就是甜点时光了。将应季水果烤着吃，或者嫩煎着吃，都是不错的选择。天气热的时候，再来一份香草冰激凌，恐怕没有人能够拒绝。如果有人还想喝点酒的话，那就来点经典的白葡萄酒配斯蒂尔顿干酪吧。

时间安排

（宴会前日）
制作迷迭香风味坚果、橄榄球
制作香醋酱料
切好柠檬鸡中的柠檬和鸡肉

（宴会当日）
制作橙汁腌料
洗净需要用的叶菜，沥干
准备柠檬鸡
料理装盘

（宴会时）
烤柠檬鸡
制作煎苹果
端出冰激凌

火腿拼盘

奶酪拼盘

迷迭香风味坚果

橄榄球

宴会美食

火腿拼盘

要灵活运用新鲜火腿、萨拉米香肠、肉饼等超市里售卖的加工肉制品。在摆盘方面一定要下功夫，不同的摆放方式给人的印象截然不同。新鲜火腿每一片都卷起来。把每一片香肠对折，以显出立体感。上面再放几个迷迭香的枝叶。香草和叶菜能够很好地增添立体感，所以一定要好好准备。

在前一天将长棍面包买回来，当天便装入保鲜袋里，放入冰箱冷冻。在使用前的1～2h取出来，常温解冻。这样的话，面包皮依然酥脆，中间也是松软的。但是要注意，面包会吸收冰箱里的味道，所以不宜长期冷冻。不过保存四五天还是没有问题的。

奶酪拼盘

不同味道、香味、口感的芝士组合在一起，让人心旷神怡。这次准备的芝士有4种，分别为布里干酪、泰德莫尼奶酪、帕尔玛干酪、斯蒂尔顿干酪。如果有人爱吃羊奶酪，也可以准备一些。尽可能按照大众口味来准备。当然也推荐使用优质的考姆特干酪，熟成的米莫雷特干酪、戈尔贡佐拉干酪。奶酪同新鲜水果、水果干、坚果、蜂蜜等搭配在一起，格外美味。

迷迭香风味坚果

坚果烤一下，然后趁热加入熔化的黄油，再同迷迭香、食盐、红糖等充分混合，让人欲罢不能。

■ 材料　10～12人份
腰果、核桃、碧根果（生的）
　　…… 各100g
橄榄油 …… 适量
红葱 …… 1小个 >> 纵向切细丝
大蒜 …… 1大瓣 >> 纵向切细丝
迷迭香 …… 2枝 >> 只取叶子切碎
熔化的黄油 …… 15g
　　｜ 卡宴辣椒粉 …… 1/8小勺
A｜ 红糖 …… 1/2大勺
　　｜ 食盐 …… 1/2大勺

■ 制作方法
　1.平底锅内放入橄榄油，中火加热，放入红葱、大蒜，炸至金黄色，取出放在纸上，吸油。
　2.烤箱预热到180℃，烤盘上放坚果，不要叠放，烤12～15min，烤出香味。其间时不时地翻动，以防烤煳。
　3.烤好的坚果放入碗中，趁热均匀地浇上黄油，放入迷迭香和A，充分混合。放凉后，时不时地用铲子翻动。
　4.将步骤3中的食材同步骤1中的食材充分混合。

橄榄球

将橄榄包裹在帕尔马干酪等食材中，放入烤箱烘烤，这样做出来的料理堪称一绝。装饰上橄榄叶，小巧可爱。

■ 材料　30个份
橄榄（带核）…… 30粒
（使用2.5cm左右的橄榄）
帕尔玛干酪（粉）…… 75g
无盐黄油 …… 60g >> 预先切成小块，冷藏
面粉 …… 100g
食盐 …… 1撮

卡宴辣椒粉 …… 少许
鸡蛋 …… 1枚 >> 取蛋黄加1大勺水充分混合
罂粟籽（成品用）…… 1小勺

■ 制作方法
　1.用纸擦干橄榄表面的水。
　2.帕尔玛干酪、无盐黄油、面粉、食盐、卡宴辣椒粉放入料理机中，充分搅拌。倒入碗中展开，渐渐结块后，用手揉到一起。
　3.将步骤2中的食材分成30等份（每个约8g），尽量薄而均匀地包住橄榄，团成球形。放到烤盘上，冷藏30min，使其变硬。
　4.蛋黄搅拌均匀，涂在步骤3中食材的表面，撒上罂粟籽，放入180～190℃的烤箱中，烘烤20min，烤出金黄色。

柠檬鸡

虽说是鸡肉料理，但是一同烤出来的柠檬和洋葱，同样让人惊艳。柠檬皮甚至也可以吃，所以尽量选用不涂防腐剂、不涂蜡的柠檬。这道料理不管是凉着吃还是热着吃，都堪称美味。而且如果没吃完，还可以夹在三明治里。

■ 材料　4～5人份

鸡腿肉……3片（750g左右）
>> 切成边长7～8cm的大块
橄榄油45ml
洋葱……2个 >> 切成4～5mm宽
的丝
柠檬（装饰用）……1个 >> 切成
5mm厚的薄片
柠檬（榨汁用）……1/2个
大蒜……2大瓣 >> 切成3mm厚
的薄片
新鲜百里香……8枝
鸡汤……360ml（1汤包+360ml水）
高筋粉、食盐、胡椒粉……各适量

■ 制作方法

1.将切好的鸡腿肉用食盐、胡椒粉、高筋粉裹上。平底锅内放入橄榄油，放入鸡腿肉，大火将两面（从有皮的一面开始）煎出金色，盛出。此时鸡腿肉没有全熟也无妨。

2.平底锅洗干净，放入橄榄油（分量外），放入洋葱、大蒜，小火煎15min，直到洋葱变软，变成淡茶色。倒入鸡汤，小火慢煮10～15min。

3.将步骤1中的鸡腿肉放到步骤2中的食材上，平摆上装饰用的柠檬片，剩下的柠檬把汁挤在上面，放上百里香装饰，盖上锡纸，放进190℃的烤箱内，烘烤10min。拿下锡纸，把下面积存的汤汁搅一搅，继续烘烤40～45min。每20min搅一下汤汁。烤到柠檬稍微有点焦，那样味道最好了。

橙汁腌扇贝

如果想做海鲜类的料理，建议使用扇贝和虾仁等常见食材。

■材料　4～5人份

扇贝（生吃用）…… 200～250g

A {

墨西哥辣椒（醋腌用）…… 1小勺
>> 纵向切半，去籽，切碎

香菜 …… 5g >> 切碎

食盐 …… 1/3小勺

生姜 …… 1小勺 >> 切碎

酸橙皮 …… 1个份 >> 研碎

}

紫皮洋葱 …… 1/4个 >> 切碎

酸橙汁 …… 1个份

香菜（装饰用）…… 适量

■制作方法

1.扇贝去除硬的地方，切成5～6mm厚的片。同A混合，放入酸橙汁混合。盖上保鲜膜，冷藏30min入味。

2.把香菜装饰在步骤1的食材上。用切成小块的圣女果来装饰也可以。在食用的时候，还可以淋上橄榄油。紫皮洋葱比较容易变色，在吃之前再加进去。

香草沙拉和香醋酱料

■材料　4～5人份

长叶莴苣、红菊苣、豆瓣菜、日本水菜、紫红莴苣等多种叶类蔬菜混合在一起 …… 适量

碧根果（生的）…… 适量 >> 烤制

A {

第戎芥末 …… 7g

大蒜 …… 1瓣 >> 切碎

意大利香醋 …… 80ml

菜籽油 …… 80ml

橄榄油 …… 80ml

香草（迷迭香和罗勒）…… 1大勺 >> 两种香草切碎混合

食盐、胡椒粉 …… 各适量

}

■制作方法

1.蔬菜洗净，沥干。

2.除菜籽油和橄榄油外，将A中的其他食材混合均匀。之后倒入两种油，混合乳化，制成香醋酱料。在食用前，将香醋酱料倒入蔬菜中，拌匀。放上碧根果装饰。

煎苹果和香草冰激凌

■ 材料　4人份

苹果 …… 2个 >> 带皮，每个
切成16等份的半月形
黄油 …… 20g
细砂糖 …… 60g
白兰地 …… 1大勺
柠檬汁 …… 1小勺
香草冰激凌 …… 适量

■ 制作方法

1.平底锅内放入黄油，加
热熔化，放入细砂糖。变成
淡茶色后，调至大火，放入
苹果，轻轻摇晃平底锅，方
便上糖色。

2.加入白兰地、柠檬汁，
关火。装盘，在热腾腾的煎
苹果旁边，放上一个香草冰
激凌球。

葡萄酒的挑选

　　经常会有人问，虽然喜欢葡萄酒，但是不知道怎么选择，该怎么办？我一般会参考专业人士的意见。我会去经常光顾的葡萄酒店里询问："今晚预订了海蓝比萨，有没有发泡的葡萄酒可以推荐？预算在3000日元（约合175元人民币）以下。"我有时候会执着于一个喜欢的葡萄酒品牌，但举办宴会的时候，还是要参考专业人士的意见，选择与料理相配的，以及别致一些的酒。也可以基于喜欢的生产者，喜欢的葡萄品种，来寻找相应的葡萄酒。这次准备了新西兰产的科亚马（KOYAMA）红酒，还有很多瓶性价比较高的葡萄酒。大家参加宴会的时候也可以参考这些牌子。

蒙特斯欧法天使起泡酒

750ml非常有人气的发泡葡萄酒。
口感清爽，味道香醇。

蒙特斯欧法赤霞珠红葡萄酒

750ml 性价比很高。家庭宴会中出镜率很高。我周围有很多人喜欢喝。

勃艮第奥利弗拉弗拉维葡萄酒

高品质葡萄酒，带有葡萄天然的酸味，同刺身等搭配最好不过了。

普利科托4西班牙起泡酒

750ml又纯又奢华的一款红酒，非常适合赏花时享用。

科亚马威廉姆斯酒庄黑皮诺红葡萄酒

750ml酸味和果味全部达到了完美的平衡。

科亚马托斯克泰瑞斯酒庄贵腐葡萄酒

375ml这款红酒同斯蒂尔顿干酪是我的最爱了。红酒甜美甘洌，即使是不能喝酒的人，也能接受。

餐桌布置

营造淳朴自然的气息

举办葡萄酒宴会的时候，尽量选择玻璃制品、木制品等常用的器具。我选择的这套组合，四季通用，什么时候都不过时。

葡萄酒杯有很多种，我选择了两种，一种能够装香槟和白葡萄酒，一种装红酒。这些杯子设计简约，同时能充分保留酒的香气和味道，而且结实不容易碎。

面包和火腿如果变干了会影响口感，所以一定要用玻璃罩罩住保存。各准备两个大小不同的玻璃罩和玻璃高脚盘，不同的大小让餐桌变得错落有致。宴会的时候，一般都会为宾客们准备餐巾，这次我们在餐巾上印了字——Save Water, Drink Wine! 这样一个小小的玩笑话，可能就能让宾客们会心一笑，然后全身心地投入到这场温馨的宴会中。

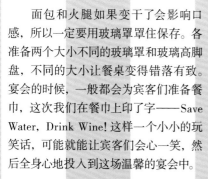

●玻璃罩+木盘 φ20.5cm×h21.5cm φ26cm×h23cm
玻璃罩+玻璃高脚果盘 φ16.5cm×h25cm φ13.2cm×h23cm
这种器具可以防止食物干燥，用来装意大利熏火腿、坚果、面包等。同时还有一定高度，让冷餐会的餐桌更加丰富。此外，还可以保存1人份的料理，为来晚的宾客保留美食。
平时我也会放一些水果、松塔或者蜡烛，用来作房间里的装饰。

●木板（放菜单卡片）43.5cm×29.5cm×2.2cm
这种木板本来是用来切肉的，但是这次，我要用它来盛装奶酪。木板上美丽的天然纹路，还能为餐桌增添许多乐趣。

●装橙汁腌扇贝的玻璃盘 φ30cm×h9.5cm
这种细长的盘子，不占地方，用起来十分便利，同时还有配套的碗等器具，很方便。

●平底锅 φ30cm
这种平底锅的出场率非常高，实际上更多的时候，它是用来做柠檬鸡和芝士焗饭的。这种锅很大，而且受热均匀，做出来的料理非常好吃。同时锅底较薄，能大大缩短烹饪时间。简约的设计，让它也能大方地出现在餐桌上。

享用秋天日本酒的夜晚

秋天是收获的季节，随处可见各种各样的食材，同时也是享用秋季限定酒的季节。晚上，几个好朋友聚在一起，没有什么比这样的夜晚更让人留恋了。秋天的餐桌上，不需要放花来装饰，放上几片枝叶就足够美丽了。还可以撒上蔬菜，仿佛落叶一般，带上几盘竹炭花生，宴会就可以开始了。宴会进行到一段落之后，就可以在小炭炉里放上火烤蔬菜，想必没有人能够拒绝。

主题

宴会的主题是，大家坐在一起啜饮秋酒，闲坐话家常。柠檬叶下，是银杏、炒栗子等秋天的佳肴，若隐若现地，给人惊喜。宾客们到齐后，便可以立刻开始畅饮酒水了。秋天天气渐凉，人们对火的依恋也日渐增长。所以，别忘了在桌子上放一个小炭炉，让宾客们一边看着火燃烧的样子，一边品味着上面的烤肉串、烤蔬菜。吃完饭后，大人们坐在一起饮茶，孩子们吃着大福和薯片，没有什么比这样温馨的画面更美好了。

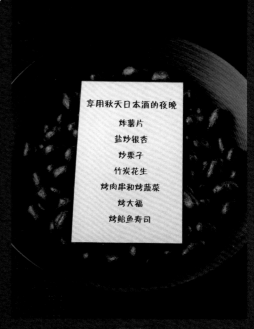

餐桌装饰

宴会的料理比较简单，所以在餐桌布置方面要下足功夫，才能让餐桌看起来别具一格。餐桌整体的色调要统一，我采用的是西式的布局方法，但也在其中加入了灰色、绿色等日本料理中一些微妙的色彩。桌布是藏蓝色的亚麻布，餐桌中间随意摆放着5个黑色盘子，柠檬枝叶点缀其中。我用椭圆形的托盘代替了日式方盘，盘子、酒器、筷子也都摆放其中。在进行餐桌布置时，一般会使用卷尺来进行精准测量，比如装饰物品要放在桌子的正中央，托盘要放在距桌边两指左右的地方。此外，桌子上可以留有一些空白，更有日式的美感。

餐单

炸薯片，盐炒银杏，炒栗子，竹炭花生
烤肉串和烤蔬菜
烤大福
烤鲐鱼寿司

菜谱设定得比较简单，所以主人也能同大家坐在一起享受宴会，不用再忙前忙后了。盐炒银杏、炒栗子、竹炭花生、炸薯片摆好后，宴会基本上就可以开始了。宴会进行一段时间后，就可以用小炭炉烤蔬菜、烤肉串、烤鲐鱼寿司了。大家坐在一起，其乐融融，格外有氛围。

秋天来了，落叶落在庭院的石头上，这样美轮美奂的风景，也可以在餐桌上呈现。选择柑橘类、柿子等没有毒性的水果枝叶，摆放在桌子中间。很重要的一点就是，这些枝叶可以几小时保持坚挺，所以不推荐使用竹子、枫叶等叶片较薄的植物。

■制作方法

1.5个黑色的盘子随意摆放在桌子上，柠檬树枝交错叠放在上面。

2.盘子里放上盐炒银杏、竹炭花生。炒栗子也零散地掺杂其中。在料理下面不妨再摆上一些紫薯片、红薯片，让桌子的色彩更加艳丽，让秋天的美感再次呈现。

时间安排

（宴会前日）
制作炸薯片，
将酒冰镇起来
购买竹炭花生、大福和鲐鱼寿司

（宴会当日）
制作盐炒银杏
制作炒栗子
准备烧烤用的食材

宴会美食

炸薯片

用切菜器切成厚度均匀的薄片，炸干炸脆。若密封保存得当，可以保鲜数日。

■ 材料　易于制作的量

红薯 …… 1/2个
紫薯 …… 1/2个
色拉油 …… 适量
食盐 …… 少许

■ 制作方法

用切菜器将红薯、紫薯切成薄片，放到锅内，用色拉油炸。盛出，撒上食盐。莲藕也可以用同样的方法制作。

盐炒银杏

■ 材料　易于制作的量

银杏 …… 100g
食盐 …… 10g（2小勺）
水 …… 100ml

■ 制作方法

用钳子夹开银杏的壳，这样在食用的时候易于剥开。小锅内放入水、食盐、银杏，大火加热。一边摇一边炒，炒至水分烧干。

炒栗子

■ 材料　易于制作的量

栗子 …… 10个

■ 制作方法

生栗子纵向剖开一个口，这样在食用的时候易于剥开。放入200℃的烤箱内，烘烤约20min。

竹炭花生

将花生米裹在放有竹炭粉的面衣里，香气腾腾。不论是饮茶还是饮酒，都可以配上一盘。

烤肉串和烤蔬菜

比起正式的料理，烧烤可能更有其乐融融的氛围。

■ 材料　2人份
杏鲍菇 …… 2根 >> 撕成易于食用的大小
尖椒 …… 4根 >> 用刀刃开3～4个洞
莲藕片（7mm厚）…… 4片 >> 去皮
烤肉串（市售）…… 4串
橙子 …… 适量
食盐 …… 适量
辣椒粉 …… 适量

■ 制作方法
1.用煤气炉点燃备长炭，放到小炭炉里。将烤网加热，抹上色拉油（分量外），在烤网上放上烧烤的食材，烤熟。

2.撒上食盐，洒上挤出的橙汁。根据个人喜好，撒上辣椒粉。

烤大福

烧烤主要食物后，炭火渐渐变弱，便可以用来烤大福了。不要烤当天买回来的大福，烤稍微变硬一些的比较好。

烤鲇鱼寿司

提前一天买回来的鲇鱼寿司放到小炭炉上烤一下，厚厚的鲇鱼肉，配上恰到好处的醋，怎么能让人不喜欢。

使用的是正宗的日式文字烤炉和备长炭。

餐桌布置

使用美艳的日式器皿

　　用方盘代替垫布，各种陶器、漆器、玻璃制品搭配在一起，毫无违和感。器皿搭配和服装搭配是一个道理，决定几种风格后，针对每种风格，做出不同的搭配。

浜娘（赤武酒造）
纯米酒味道比较清冽，易被人接受。

喜欢的日本酒介绍

平时可以喝浜娘。在吃刺身、寿司等生鱼肉的时候，就要配上张鹤酒了。根据心情，用红酒杯喝也好，用深底酒杯喝也行。

天祈
我一直没有找到专门用来冰镇日本酒的冷却器，索性就用家里的花盆来代替了。

●古香古色的黑漆盘子　φ12.6cm
用来装零食、甜点。
●取餐盘　φ15cm
染花盘。
●烧烤盘　11cm×28.5cm
很有重量感的长盘，不管是放刺身、寿司，还是放腌泡菜，都毫无违和感。
●八角筷子
握着的手感，使用起来的舒适度，以及轮廓的美感，都很讲究。
●银色的酒盅
看起来就很轻奢。
●椭圆托盘　44cm×22.5cm
托盘可以直接当日式方盘使用，也可以用作盘子装寿司，用作装茶具的托盘也是不错的。

●装烤肉、烤蔬菜等的盘子
φ26cm、φ20cm
盘子有白、黑、透明玻璃、银四个基本色，由于我的个人喜好，还买了牛油果绿色、茄子紫色、淡绿色盘子各2个。
●梅花形银盘　φ16.6cm、
φ10.8cm
装大福的盘子。
●茶碗　φ8cm×h7cm
●茶托　φ12cm
是用小碟子代替的。

福小町　专属秋天的秋酒。
张鹤 1L装的量很足，适合宴会。

冬

圣诞集市

这是专属于冬天的庆典，圣诞集市是在中世纪从德国流传至欧洲其他国家的传统庆典。广场各处张灯结彩，布满了圣诞装饰，人们一手拿着热红酒，一边在街上购买杂货、甜点。这样热闹有趣的圣诞集市令人向往。

热红酒来源于德语 Glühwein，就是在温热的红酒里加入香辛料制成的风味饮品。法语里叫 Vin Chaud，英语里则叫 Hot Wine。

餐单

柿子无花果豆瓣菜沙拉

鹅肝慕斯意式烤面包

热红酒和香料热可可

面包布丁和威士忌焦糖沙司

可颂面包和巧克力脆

烤鸡杂烩饭

主题

　　尽管年末是一年中最繁忙的时候，但也不能忽略圣诞这个特别的节日。餐桌布置以绿色和银色等成熟的色彩为主，准备一些圣诞专属的甜点和温热的饮品，接下来就是尽情享受圣诞集市了。

　　这次要举办的是很有质感的正餐型宴会，而不是普通的茶会。接下来就要介绍万众瞩目的节庆料理了。

餐桌装饰

红、绿、白是属于圣诞的色彩，但这次宴会中我们摒弃了红色，选用绿色和银色这些较为成熟的颜色。气味浓郁的罗汉柏等针叶树枝，格外烘托气氛。器皿以黑色、透明玻璃、银色为主。这次，我使用容量极大的香槟冷却器来作为花盆。冷却器又高又大，放在桌子上，像圣诞树一样引人注目。

周围摆上有关圣诞树的小物件。装甜点和小物件的容器是由木头和铝制成的，所以很轻。青苹果中间放上一个银色的装饰，看起来饶有趣味。餐桌上还有很多松塔和卡片，非常有圣诞的气氛。料理也可以用盘子以外的东西来盛装，比如热红酒等，就可以放在切割平整的大理石上。烤鸡里面有很多紫皮洋葱，再加上几枝迷迭香，就更能烘托气氛了。

时间安排

（宴会前日）
烤可颂面包
制作威士忌焦糖沙司
制作巧克力脆
制作沙拉酱料
制作腌鸡肉的酱料
制作用来做意式烤面包的长棍面包
把做面包布丁用的长棍面包切好，烤好

（宴会当日）
制作杂烩饭，塞入鸡肉里，放入烤箱烘烤
叶类蔬菜洗净，沥干
柿子和无花果切好
准备热红酒、香料热可可
制作鹅肝慕斯
制作面包布丁

（宴会时）
将料理盛装好，摆在桌子上
制作意式烤面包
制作沙拉
端上烤鸡

柿子无花果豆瓣菜沙拉

　　柿子要选用稍微硬一点的，这样嚼起来的口感才好。

■ **材料　6人份**

柿子 …… 2个 >> 去核，切半月形
无花果 …… 3个 >> 切半月形
豆瓣菜 …… 4把

| 黑胡椒酱 …… 2大勺
| 酱油 …… 15ml
A | 醋 …… 15ml
| 芝麻油 …… 15ml
| 色拉油 …… 30ml

■ **制作方法**

　　豆瓣菜洗净，把叶子摘下来，沥干，摆在盘子中，放上柿子、无花果，浇上混合好的A。

鹅肝慕斯意式烤面包

■ **材料　12～15个份**

鹅肝（Jensen's牌）…… 1罐（80g）
鲜奶油（脂肪含量35%）…… 100ml
白兰地 …… 1小勺
长棍面包 …… 1/2根
红胡椒 …… 少许 >> 用手捏碎，摆在鹅肝上作装饰

开心果 …… 少许 >> 烤制，捏碎

■ **制作方法**

　　1.长棍面包切成4mm厚的片，轻烤。

　　2.鲜奶油打发，同捣碎的鹅肝混合。

　　3.向步骤2的食材中加入白兰地，充分混合，用勺子舀在长棍面包上，装饰上红胡椒和开心果。还可以根据个人喜好撒点盐。

热红酒和香料热可可

　　红酒里面带有丝丝甜味，再配上香辛料，就变成了暖身暖胃的特别饮品。热可可的口感同样无可挑剔。宾客们顶着寒风来参加宴会，没有什么能比这些饮品更能体现出主人的贴心了。

热红酒

■ 材料　5杯

红葡萄酒（旭日红葡萄酒）

…… 750ml

枫糖浆 …… 4大勺

肉桂棒 …… 1根 >> 折成两半

丁香 …… 5粒

橙子 …… 1个 >> 切成12个半月形

■ 制作方法

　　将全部食材放入锅内，煮温。

●如果热红酒有剩余，可以用来煮李子干，煮至李子变热，关火。冷却后，装入瓶中保存。用这种李子干做出来的甜点，堪称一绝。在吐司上放李子干、无糖的花生酱等，这样做出来的加料吐司，亦是极品。当然李子干也可以直接吃。

香料热可可

■ 材料　迷你杯6杯

生姜 …… 8g >> 去皮，切薄片

牛奶 …… 380ml

鲜奶油 …… 120ml

黄糖 …… 40g

小豆蔻 …… 1粒

巧克力（可可含量65%）…… 90g

朗姆酒 >> 根据个人喜好备量

■ 制作方法

　　1.生姜、牛奶、鲜奶油、黄糖、小豆蔻全部放入锅内，煮开后关火，盖上盖子，闷10min入味。

　　2.巧克力切碎，放入步骤1的食材中，略微加热至熔化。

　　3.过滤。可根据个人喜好加入朗姆酒。1杯120ml的热可可放入约1/2大勺的朗姆酒。

●根据个人喜好，可以在上面撒上巧克力碎。

面包布丁

■ 材料　直径22cm的模具1个

长棍面包 …… 1根 >> 两端切掉，切成1cm厚的片（约270g）

无盐黄油 …… 30g >> 熔化后涂在长棍面包的一面

蔓越莓 …… 35g

威士忌 …… 4大勺

鸡蛋 …… 2枚

红糖 …… 120g

牛奶 …… 320ml

鲜奶油（脂肪含量35%）…… 150ml

香草精 …… 1/2大勺

A | 红糖 …… 2小勺
  | 肉桂粉 …… 2/3小勺
  | >> 充分混合

■ 制作方法

1. 蔓越莓放入威士忌中浸泡15min左右（1晚也可以）。

2. 将涂有黄油的长棍面包放入180℃的烤箱中，烘烤10min左右。过程中要记得翻转，以防烤煳。

3. 待步骤2中的食材冷却后，切成1cm见方的块，放入模具中。

4. 按顺序放入鸡蛋、红糖、牛奶、鲜奶油、香草精，充分混合，将步骤1中的食材也放入，充分混合。静置15min。

5. 将A均匀撒到步骤4中做好的食材上面，放入180℃的烤箱内，烘烤25min，翻转，再烤10min，取出放凉。这样烤出来的面包布丁外皮酥脆，内里软糯。

面包布丁和威士忌焦糖沙司

面包布丁表面酥脆，里面却软糯香甜。吃的时候可以加上威士忌焦糖沙司，威士忌有种成熟的味道。不管是作为甜点，还是下午茶，都很受欢迎。如果前一天做好放在冰箱里，面包的口感就不再那么酥脆了，所以尽量在宴会当天现做。

威士忌焦糖沙司

■ 材料　约120ml

细砂糖 …… 150g

水 …… 40ml

无盐黄油 …… 15g >> 切成小块

奶油芝士 …… 20g >> 切成同黄油差不多大小的块

威士忌 …… 3大勺

牛奶 …… 2大勺

■ 制作方法

1. 细砂糖、水放入长柄小锅内，中火加热，一边用勺子搅拌一边将细砂糖煮化。

2. 煮出茶色后，离火，放到湿毛巾上。放入奶油芝士和无盐黄油，用搅拌器充分混合（注意不要让焦糖飞溅）。

3. 稍微变凉后，放入威士忌、牛奶，充分混合。

■ 成品

在面包布丁上均匀浇上威士忌焦糖沙司。

可颂面包和巧克力脆

把每一块巧克力脆都仔细包好，既能显示出主人的用心，又可以用来作圣诞装饰。没有吃完的巧克力脆，还可以作为礼物送给宾客。可颂面包是从东欧传来的食物，是犹太人在光明节时食用的传统甜点。巧克力脆和可颂面包都是比较耐放的甜点，可以提前数日就准备好。

巧克力脆

■ 材料　方形模具（11.5cm×14.5cm）
2台份24个

无盐黄油 …… 45g
果汁软糖 …… 180g
可可粉 …… 60g
米饼 …… 40g
格兰诺拉水果麦片（市售）…… 140g
蔓越莓 …… 30g

■ 制作方法

1.准备1个不粘锅，小火加热，放入无盐黄油、果汁软糖，低温混合。

2.果汁软糖熔化后，放入可可粉充分混合，再加入米饼、格兰诺拉水果麦片、蔓越莓，迅速混合。

3.模具里铺上烘焙纸，将步骤2中的食材倒进去一半，上面盖上烘焙纸，用手轻压平整，放入冰箱，冷藏30min。

4.取出巧克力脆，切成12个边长3.5cm的块。另一半食材也是同样的做法。

●可以使用11.5cm×14.5cm的模具，也可以使用其他密闭甜点模具。成品厚度约为2.5cm。

可颂面包

■ 材料　24个份
（坯子）

无盐黄油 …… 110g >> 切成边长1cm的块，冷藏

奶油芝士 …… 110g >> 切成边长1cm的块，冷藏。芝士即使切开也会粘在一起，所以随意切开也可以

低筋粉 …… 140g
食盐 …… 1/8 小勺
（馅料）

A
┃甜杏酱 …… 约60g
┃意大利杏仁利口酒或者朗姆酒
┃ …… 少许
┃ >> 混合成易于涂抹的浓度

巧克力豆 …… 约50g
梅脯 …… 约5粒 >> 每粒切成4~5片
鸡蛋 …… 1枚 >> 取蛋清
粗砂糖 …… 适量

■ 制作方法

1.将做坯子的材料全部放入料理机中，搅拌至略微变硬，注意不要搅拌过度。略微变硬后，分成两等份，分别团成圆形，用保鲜膜包住，放入冰箱冷藏1晚。

2.在台子上撒些干粉，取出一个坯子，擀成直径24mm×厚3mm的饼，切成12等份，涂上一层薄薄的A，在每一块上放上巧克力豆、梅脯，卷成牛角面包形，放入冰箱冷藏15min，等待变硬。制作的时候手速要快，以防坯子变成常温。

3.在上面涂上蛋清，多放些粗砂糖，放入200℃的烤箱内，烘烤10min，翻面，再烤10min。另一个坯子也是同样的做法。

● 让坯子保持冰镇的状态放入烤箱。

烤鸡杂烩饭

　　圣诞节自不必说，烤鸡可以出现在一年四季的各种宴会上，光是看着就让人食欲大增。杂烩饭更是充分吸收了鸡肉的汤汁，浓香四溢。

■ 材料

鸡……1只（1.2kg左右）
柠檬……1个
食盐、胡椒粉、橄榄油……各适量
百里香……1/2袋

A 铺在烤盘上的蔬菜 >> 胡萝卜1根、洋葱1个、西芹1根等，全部切成6mm左右的厚度

杂烩饭

米 180ml

B 洋葱……1/8个
红椒……1/2个
西葫芦……1/2个
 >> 蔬菜全部切碎
大蒜……1小瓣 >> 切碎

无盐黄油……40g
鸡汤……200ml >> 将市售的固态汤块加水溶解，加热
食盐、胡椒粉……各少许
桂皮……1片
百里香……1枝

■ 制作方法

1.尽量在前一天，用刀在鸡身上开一个洞。在鸡的内外都仔细涂抹上柠檬果肉。将较多的食盐、胡椒粉揉进鸡肉外皮，涂上橄榄油（根据个人喜好，也可以揉进蒜泥）。轻轻盖上保鲜膜，放入冰箱冷藏。如果没有时间，当天制作也可以。

2.制作杂烩饭。米洗净沥干。用无盐黄油将B略微翻炒，放入大米，翻炒至黄油充分包裹住大米，加入热鸡汤、食盐、胡椒粉、桂皮、百里香。盖上盖子，小火焖7～8min，焖至水干，注意不要煳了。米饭做好后取出百里香、桂皮，米饭放凉。

3.将步骤1中的食材放在室温下，用纸吸去内外两侧渗出来的水分。向鸡身内塞入杂烩饭（图a和图b），用牙签封上切口（图c和图d），鸡腿用风筝线绑在一起（图e），鸡翅尖插向鸡腿处。鸡翅两侧也用牙签固定（图f），以防张开。

4.烤箱预热至230℃，在烤盘上铺上A，放上鸡，涂上适量橄榄油（分量外），撒上百里香（图g），烘烤30～40min。调至200℃，继续烘烤20分钟。中途多次将溢出的肉汁浇在鸡身上。

5.烤好后，放在烤箱中静置10min左右，再装盘。烘烤的时间根据鸡的大小来定，烤到鸡皮颜色变得比较诱人即可。

洋葱配菜

放在烤盘边的紫皮洋葱，就是配菜。可以品尝到洋葱原汁原味的甜，在吃的时候，还可以撒上食盐、胡椒粉，很方便。

在紫皮洋葱的处理方面，只需去掉比较脏的地方即可。用菜刀挖去洋葱心，带皮放到烤盘上，和鸡肉一起烤。
烤好后切掉绑在鸡腿上的风筝线（图h）。
鸡腿掰开，从关节部分切下来（图i）。
鸡翅也用同样的方法切下来（图j）。
鸡身沿着胸骨划开（图k）。
顺着骨头，把鸡胸肉切开（图l）。

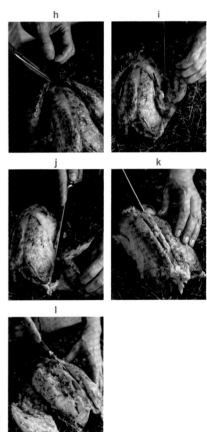

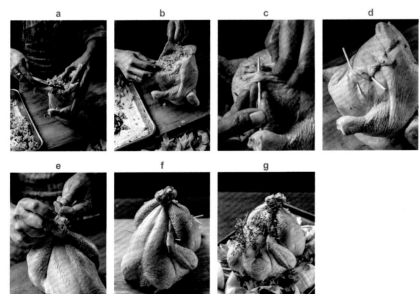

餐桌布置

不是食器的器皿

　　器皿的材质以铝、木头、不锈钢等为主，在挑选时要注意风格一致，放在一起没有违和感。只要抛弃了"能装料理的只有盘子"这种想法，就可以找到各种各样颇有趣味的器皿。当然卫生方面也需要考虑，对于不能直接放食物的，要在上面铺一层保鲜膜等才可以。这次的餐桌要360°全方位都美丽，而不是只有一个角度美观，所以为了制造立体的餐桌布局，我们要使用很多高低不同的器皿。此外，我们还用香槟冷却器作花盆，又用大理石板作托盘，无一不为餐桌增添了厚重感。

盛装着青苹果的银色
高脚果盘，古香古色

1.使用木板营造出高低差。木板是现成货物，用黑色喷漆上色。
20cm×10cm×5cm
20cm×20cm×1.5cm

2.装巧克力脆的铝制小型高脚果盘　φ17cm×h9cm
印有花朵的木质托盘　φ30cm×h5cm　φ25cm×h4.5cm
3.红酒冷却器，最右侧的是铝制的两层托盘
　φ21.5cm×h11cm

4. 之前使用的亚克力板，压在菜单卡上。大小不一，叠放在一起，彰显高低错落的布局。

5. 大理石板比较厚重，用来作肉类食物的托盘。比如放上鸡肉、带骨火腿等，很有质感。剩下的空间可以放一些开胃菜等，比普通的餐盘更显档次。

6. 黑色陶瓷盘（用来装面包布丁）φ26cm×h6cm

●玻璃盘（在p68，用来装柿子、无花果、豆瓣菜沙拉）φ32cm
不管装什么都能让餐桌熠熠生辉，在举办入席风格的宴会时，经常会使用这种盘子。
●玻璃水壶（在p69，用来盛装热红酒和香料热可可）φ12cm×h17.5cm　φ11cm×h12cm
稍微有点重量的水壶反而能给人安心的感觉。这种温热的玻璃制品，同这次的餐桌风格很般配。

冬

祝福新年

　　新年的时候，要以粉色和红色为主。来一场"喜迎新年，开运未来"的宴会如何？宴会的背景色是黑色，点缀着各种诱人的颜色，对比强烈，成熟中又透着一丝俏皮。

主题

　　新年宴会要用颜色来表达喜悦，料理有粉色，有红色，为的是突出层次感，而餐盘则多以黑色为主。首先要用玫瑰香槟起泡酒来为新年举杯。接下来端上来的便是作为开胃酒的草莓鸡尾酒，以及开胃菜蟹肉红心萝卜沙拉、甜菜苹果沙拉了。主菜是烤羔羊排和红菊苣，最后便是作为甜点的帕夫洛娃蛋糕了。

餐单

草莓鸡尾酒

蟹肉红心萝卜沙拉

甜菜苹果沙拉

烤羔羊排和红菊苣

帕夫洛娃蛋糕

　　鸡尾酒里有酸甜适中的新鲜草莓，所以尽量做完后立刻品尝。前一天做好的甜菜苹果沙拉，在宴会当日便会变成温和的粉色，同蟹肉红心萝卜沙拉一起作为开胃菜。烤得酥脆的羔羊排，同略微发苦的红菊苣非常相配。在做好的蛋白酥皮上摆上水果和鲜奶油，就做成了美味的甜点。

时间安排

（宴会前日）
制作甜菜苹果沙拉
煮意大利香醋
腌制羔羊排

（宴会当日）
制作草莓鸡尾酒
制作蟹肉红心萝卜沙拉的酱料，蔬菜切好
烤羔羊排和红菊苣
搅打鲜奶油，用于做帕夫洛娃蛋糕
用水果装饰点缀

■ 材料　400ml
草莓（挑好吃的品种）……
1袋（约为300g）
柠檬汁……1个份
枫糖浆……约2大勺
伏特加（根据个人喜好）
……适量

■ 制作方法
1.草莓洗净沥干去蒂，同柠檬汁、枫糖浆一起放入榨汁机中，充分搅拌混合。放入冰箱中，充分冰镇。
2.根据个人喜好，放入适量伏特加酒。

草莓鸡尾酒与这种小鸡尾酒杯最为搭配。黑色的托盘上再零散地摆上些草莓，高贵中又透着可爱。为了搭配，伏特加也一定要小瓶的哦。

宴会美食

草莓鸡尾酒

草莓鸡尾酒里满满地都是应季的草莓，奢华又不失美味。用榨汁机搅拌至均匀柔滑，注入到小小的鸡尾酒杯里，宴会便要准备开始了。草莓酸甜适度，同鸡尾酒很相配。宾客们还可以根据个人喜好，加入伏特加，为了加酒方便，我们特意选用了小瓶的伏特加。

蟹肉红心萝卜沙拉

　　这款蟹肉红心萝卜沙拉，可以说是我家的经典菜肴了，很多人吃了之后便忘不了。蔬菜主要使用的是西芹和菊苣等，放上一些长棍面包也很好吃。因为这次宴会以粉色为主色调，所以特意加上了红心萝卜和小水萝卜作为装饰。

■ 材料　5～6人份

帝王蟹 …… 80g >> 仔细去除软骨

西芹 …… 25g >> 切碎，用水泡一下，沥干

柠檬汁 …… 1/2大勺

洋葱 …… 15g >> 切碎，用水泡一下，沥干

蛋黄酱 …… 2～3大勺

食盐、胡椒粉 …… 各适量

红心萝卜（装饰用）…… 2个 >> 切成圆形薄片

芜菁（装饰用）…… 2个 >> 切成8个半月形

小水萝卜（装饰用）…… 5～6个

■ 制作方法

　　1. 将除装饰蔬菜以外的食材混合。

　　2. 与装饰蔬菜一同装盘。

　　使用冷冻蟹肉时，先解冻，放入小锅中煎，放入白葡萄酒继续加热，放凉后再同其他食材混合。酱料如果提前一天做好，第二天一定要再次确定咸淡。

甜菜苹果沙拉

　　放上一晚之后，甜菜将苹果也染成了美艳的粉色。这盘料理看上去非常喜庆，想要做到这种效果，就需要提前一天将这道料理做好，才能既入味又染色。

■ 材料　6～8人份
甜菜（中等大小）······1个
苹果（富士苹果）······1个
瓜子仁 ······ 20g
橄榄油······适量

沙拉酱料

A
｜枫糖浆 ······ 90ml
｜雪莉醋 ······ 60ml
｜橄榄油 ······ 60ml
｜大蒜 ······ 2g >> 切碎
｜食盐、胡椒粉 ······ 各适量
芝麻菜 ······ 适量

■ 制作方法
　　1.烤箱预热到200℃。甜菜整个涂上橄榄油，放入烤箱烘烤。烤至刀能轻易插入即可。烘烤时间根据甜菜大小来设定，中等大小的烘烤60min左右。烤熟透了，趁热去皮，切成边长2～3cm的块。

　　2.瓜子仁放入平底锅中，炒至略微上色。

　　3.苹果切成同甜菜差不多大小的块，同步骤1中的食材混合，将A混合后放入，搅拌均匀。

　　4.在食用之前，放上芝麻菜等叶类蔬菜。撒上瓜子仁点缀。

烤羔羊排和红菊苣

这样烤出来的羔羊排堪称一绝，既简单又奢华。再配上略带苦味的红菊苣，怎一句美味了得！

■ 材料　3人份

羔羊排（切开）…… 6根

腌泡汁

A
橄榄油 …… 60ml
大蒜 …… 3~4瓣 >> 拍碎
食盐、胡椒粉 …… 各适量

红菊苣 …… 1个 >> 纵切成6份

意大利香醋 …… 1瓶（500ml）

■ 制作方法

1.将意大利香醋倒入锅中，小火煮1h左右，收汁到还剩1/4~1/3的量，注意不要煳锅。

2.用A腌制羔羊排，放入冰箱，冷藏1晚。

3.将羔羊排放回室温下，煎锅中放入橄榄油（分量外），中火煎羔羊排，放入红菊苣，煎出焦色。盛盘，浇上步骤1中做好的浓缩意大利香醋。

帕夫洛娃蛋糕

我用的是市售的蛋白酥皮，做起来十分快捷。请尽量在宴会时制作，以便将美味发挥到极致。

■ 材料　10个份

市售的蛋白酥皮（6cm心形蛋白酥皮）…… 10个

鲜奶油（脂肪含量47%）…… 200ml

细砂糖 …… 1大勺

喜欢的水果（莓类、猕猴桃、樱桃等）…… 适量

■ 制作方法

1.鲜奶油中加入细砂糖，打发至稳定。

2.将搅打好的鲜奶油挤在蛋白酥皮上，放上喜欢的水果。

餐桌布置

花、餐巾等小物件的使用技巧

吃饭的时候，便可以把插有花朵的花瓶集中放在一处，显得格外好看。每一个花瓶都造型独特，光是简单地插入一朵花，就会变成一道风景，而且不需要太多的技术含量，简单又美丽。

对于餐桌布置，要用减法的思维来思考。想让宾客们看餐桌的哪一部分，对哪里印象深刻，这是优先考虑的事情。刀具、叉子、花、蜡烛、菜单、卡片等装饰物，如果放得太多，会给人过于夸张的感觉，所以最终摆在餐桌上的小物件，都应该是经过精挑细选的。

这次的主色调定为粉色，那么便要在粉色和红色的物件上下功夫，花和餐巾都要以这个色调为主。在每一个黑色小花瓶里都插上一朵不同种类的粉色小花。可以在宴会前询问，您想坐在哪朵花的座席上呢? 这样一来，宴会还没有开始，气氛便已经高涨起来了。

餐巾是略微发紫的粉色，用餐巾将刀具和叉子包起来，再套上一个餐巾环。

这次宴会还有一个特别的地方，就是准备了很多银色的垫布，摆在餐桌中央作为桌布来使用，让整个餐桌熠熠生辉。

相反，在器皿方面，便不再用粉色，而全部使用黑色。我比较喜欢光洁靓丽的黑色盘子，用起来很顺手。盛装料理的盘子，主要是黑色的长方形玻璃盘，各种盘子长短不一，错落有致。这种长方形的盘子非常方便，装上草莓鸡尾酒，就可以直接作为托盘使用。甜菜苹果沙拉、主菜烤羔羊排和红菊苣等，不适合放在圆形盘子里，这个时候长方形盘子便显出了它的优势。在入席风格的宴会中，如果都是圆盘，餐桌中央便会显得拥挤，而长方形的盘子则不会让你有这个顾虑。

●黑色圆盘 φ27cm

　　简约大方，既能用于西餐，又能用来盛装手卷寿司等日式料理。

●玻璃杯（用来装草莓鸡尾酒）

　　这种玻璃杯比较矮小，盛草莓鸡尾酒用，装一些坚果或者海鲜腌泡菜也可以。大小甚是顺手，既优雅又灵动。

●平底香槟玻璃杯

　　以前，这种杯子在女士中比较流行，因为杯子较平，使用的时候仰头的幅度不会很大，让女士们能始终保持一个优雅的姿态。这种杯子表面积较大，不管是装甜点、水果，还是沙拉酱料，都能为餐桌增添一份精致。

●玻璃盘 φ15cm

　　单独用来装甜点也可以，和黑色圆盘组合起来装开胃菜也可以。

●黑色长短盘子 46.5cm×18cm
61.5cm×18cm

　　当大家围坐在一起的时候，餐桌上的空间往往不会那么充裕，所以用长方形的盘子就方便很多。像炸丸子这些圆圆的小零食，放在长盘里比放在圆盘里更美观。

喝土耳其红茶用的杯子和茶托

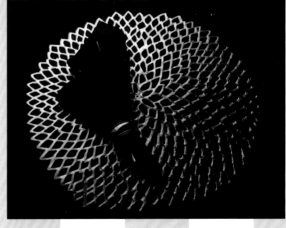

银色的垫布
源自法国的精致餐巾

其他风格宴会实例

宴会实例1　冷餐会风格

西班牙风情

宴会实例2　入席风格

日式和风

西班牙风情

宴会没有主题怎么行！

虽然普通的聚餐也很好，但是为家庭宴会设定个主题，会更有趣咔。

赏花会、夏祭、秋刀鱼季、圣诞节……

以不同季节里的节日为主题就很有趣，以冲绳、京都等旅游胜地为主题，再

配上相应的菜单和桌子，也是极好的。

主题

如果把主题设定为耳熟能详的法国风情或者意大利风情，就会少了很多惊喜。但若是西班牙风情，就让人耳目一新了。雪利酒、伊比利火腿、橄榄、曼彻格奶酪等，有很多日常就能买到的食材，而且料理中还会使用很多日本本地食材，如沙丁鱼、鸡蛋、土豆、番茄等。轻轻松松就能举办一场西班牙风格宴会。

餐单

腌彩椒

加利西亚章鱼

马铃薯蛋饼

煎沙丁鱼

烤面包配番茄泥

炸丸子

简单的西班牙海鲜饭

即便不会制作独特的西班牙料理也无妨，只需把这些简单的料理摆好，将主题的神韵传达出来即可。比如把炸丸子做得小一点，然后插上西班牙的小竹扦，一下子就充满了西班牙风情。所以在这种小物件上一定不能马虎。葡萄酒自不必说，像西班牙产的矿泉水、烟味浓郁的辣椒粉、一种叫torta de aceite的茴香味点心，也是加分项。未曾知晓的调味料，未曾品尝过的点心，都能充分勾起宾客们的兴致，再来点异域风格的标签和包装袋，屋子里一下子便充满了西班牙风情。

时间安排

（宴会前日）
准备好餐具、刀具、拖鞋
扫除完毕，东西买好
制作腌彩椒
团好丸子
将做海鲜饭用的辣椒切好，准备好相应量的米
将饮品冰镇

（宴会当日）
做好马铃薯蛋饼
做好西班牙海鲜饭
将加利西亚章鱼放入烤箱
将烤面包配番茄泥中的长棍面包切片烤好，番茄切好
丸子炸好

（宴会时）
将所有料理装盘
煎沙丁鱼

腌彩椒

加利西亚章鱼

马铃薯蛋饼

煎沙丁鱼

烤面包配番茄泥

炸丸子

简单的西班牙海鲜饭

腌彩椒

经过腌制的彩椒鲜美与香甜并存，而且红、黄两色还能增添热闹的气氛。

煎沙丁鱼

沙丁鱼从外到内都被煎得酥软异常，小巧易食。

马铃薯蛋饼

烤出来的马铃薯蛋饼外酥里嫩，唇齿留香。

烤面包配番茄泥

全熟的番茄配上美味的烤面包片，再来点橄榄油和盐，更是让人欲罢不能。

加利西亚章鱼
放入烤箱内，小火慢烤，做出来的料理格外柔软。

炸丸子
一口大的丸子会很有西班牙的感觉，别忘了西班牙小竹扦。

在章鱼上撒点甜椒粉，不经意间便有了西班牙的韵味。

火腿拼盘
将伊比利火腿和萨拉米腊肠等摆在盘中，再点缀上几颗橄榄，摇身一变就成了宴会里最热的单品。

宴会美食

腌彩椒

充分利用了彩椒的自然甜味。这道菜的关键在于水分要少,所以不用水煮,而是烤熟后给彩椒去皮。充分冰镇后装盘,一道美味佳肴就诞生了。

加利西亚章鱼

这道章鱼料理有令人惊叹的柔软口感,但章鱼块收缩得厉害。所以,一开始不能切小块,需要切成3.5~4cm见方的大块,做好后就会变成一口可以食用的大小了。

马铃薯蛋饼

这道菜最能让人感受到LODGE锅的威力。烤箱内的火很足,所以烤出来的马铃薯蛋饼外酥里嫩,十分美味。

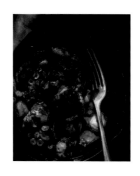

■ 材料 6~7人份
红椒 …… 4个
黄椒 …… 2个
   香醋 …… 1大勺
A 橄榄油 …… 2大勺
   枫糖浆 …… 1小勺
食盐、胡椒粉 …… 各少许

■ 制作方法

1.彩椒洗净,放在烤架上,烤至表面变黑。趁热放入碗中,盖上保鲜膜,静置片刻,以便去皮。去皮去瓤,切成1.5cm宽的条。

2.在密封容器内垫上厨房纸巾,铺上彩椒条,放到冰箱内,冰镇一晚。

3.待彩椒条内的水分被吸走后,倒入A,充分拌匀,撒上食盐、胡椒粉调味,放入冰箱,冰镇1h以上。

■ 材料 6~7人份
章鱼 …… 2袋(550~600g)>> 切成大块
大蒜 …… 2瓣 >> 捣碎
辣椒 …… 2个 >> 切成两半,去瓤
橄榄油 …… 能盖住章鱼的量
食盐 …… 1/2小勺
甜椒粉(装饰用)…… 少许

■ 制作方法

1.在直径20cm的LODGE锅(可以放入烤箱的带盖铁锅)内,放入橄榄油,调至中火,放入大蒜、辣椒,溢出香味后,捞出大蒜、辣椒。

2.放入章鱼、食盐,加盖,放入180℃的烤箱内约30min,随时注意锅内情况,烤至章鱼完全变软。

3.在成品上撒少许甜椒粉点缀,连锅一同端上餐桌。

■ 材料 6~7人份
鸡蛋 …… 6枚
土豆 …… 5~6个 >> 纵向切半,切成2mm厚的片
洋葱 …… 1/4个 >> 切碎
食盐、胡椒粉、橄榄油 …… 各适量

■ 制作方法

1.用稍微多点的橄榄油煎土豆,略带有焦色即可,撒上食盐、胡椒粉。

2.将鸡蛋打入碗中,搅拌均匀,放入洋葱。倒入步骤1中。

3.在直径20cm的LODGE锅内各处涂抹上橄榄油,倒入步骤2中的食材,放入200℃的烤箱内,烘烤20~25min。

煎沙丁鱼

在西班牙，很流行吃油炸沙丁鱼。把沙丁鱼片成三片油炸着吃，自然好吃，但这次我们省去处理食材的时间，直接炸着吃。

烤面包配番茄泥

外表看上去可能不那么诱人，但是有好番茄的时候，一定要试一下。刚做好的时候酥脆可口，放一会儿会变软，但依然美味。这道料理是西班牙家庭早餐中的常客。

炸丸子

虽然只是普通的炸丸子，但是用小竹扦一插，就很有西班牙串串儿的感觉，所以丸子一定要团得小一点。只需要一点小小的变化，就能在外观上充满西班牙风情，这道料理就是最好的例子。若用意式培根替代肉馅，会更有氛围。

■ 材料　6~7人份
沙丁鱼 …… 约20条
高筋粉 …… 适量
食盐、胡椒粉 …… 各适量
柠檬 …… 1个
橄榄油（煎炸油）…… 适量

■ 制作方法
　1.沙丁鱼洗净沥干，用高筋粉裹匀。
　2.橄榄油加热至中温，将沙丁鱼上多余的高筋粉抖掉，放入锅内。
　3.炸至酥脆后，轻轻撒上食盐、胡椒粉。
　4.盛盘，将柠檬切成半月状，摆在旁边。

■ 材料　6~7人份
熟透的番茄 …… 3个
长棍面包 …… 1根
食盐、胡椒粉 …… 各适量
初榨橄榄油 …… 适量
蒜泥 …… 根据个人喜好备量

■ 制作方法
　1.用手将长棍面包掰开，轻烤（断面最好是凹凸不平的）。
　2.番茄适当切碎，抹在烤面包的断面上。
　3.撒上食盐、胡椒粉、初榨橄榄油，即可食用。
　●根据个人喜好，可以在一开始时，在面包断面上抹一层蒜泥再烤，让香味充分渗透。

■ 材料　直径5.5cm的丸子25个
　洋葱 …… 80g >> 切碎
A　大蒜 …… 10g >> 切碎
　猪肉 …… 80g
橄榄油 …… 1大勺
土豆 …… 250g >> 煮熟后捣碎
黄油 …… 5g
食盐、胡椒粉 …… 各适量
低筋粉、搅匀的蛋液、面包粉 …… 各适量
甜椒粉 …… 少许
橄榄油（煎炸油）…… 适量

■ 制作方法
　1.锅内倒入1大勺橄榄油，放入A翻炒，炒熟后盛出，放凉。
　2.将步骤1中的食材放入土豆中，加入黄油，撒上食盐、胡椒粉调味。
　3.团成丸子，每个15g左右。依次裹上低筋粉、搅匀的蛋液、面包粉。
　4.锅内放入橄榄油，加热至180℃（中温）左右，放入丸子煎炸。可根据喜好撒点甜椒粉。

简单的西班牙海鲜饭

主菜要在宴会最高潮的时候端出来，所以要严格按照步骤，按照时间表来调整火候。这道海鲜饭要在饮酒干杯后再上桌，所以要格外注意。在这道菜的制作过程中我们可以将一部分任务拜托给电饭煲，留出更多的时间享受宴会。一定要试一试哦!

■ 材料　6~7人份

米 …… 300ml >> 洗净沥干

麦片 …… 100ml >> 洗净沥干

章鱼 …… 200~250g >> 切成3cm左右的段

虾（黑虎虾）…… 8尾 >> 去除虾线，带壳擦干表面水分

黑橄榄（无核）…… 14粒 >> 纵向切半

红椒 …… 1个 >> 切成1.2cm见方的小块

洋葱 …… 80g >> 切碎

大蒜 …… 1小瓣 >> 切碎

姜黄 …… $1\frac{1}{2}$小勺

藏红花 …… 1撮

白葡萄酒 …… 3大勺

番茄酱 …… 1大勺

鸡汤（市售汤包）…… 2个（400ml）

食盐 …… 略多于1/2小勺

胡椒粉 …… 少许

萨拉米香肠 …… 8片

欧芹 …… 适量 >> 切碎

色拉油 …… 适量

■ 制作方法

1.平底锅内倒入色拉油，加热，放入洋葱、大蒜，翻炒。放入姜黄、藏红花，待溢出香味后，放入虾和章鱼，放入番茄酱，倒入白葡萄酒，盖上盖子蒸煮。待虾和章鱼煮熟后，关火捞出。加入红椒、黑橄榄，略微翻炒片刻。

2.向大米＋麦片中倒入鸡汤，放入步骤1中的食材（除了虾和章鱼）。撒上食盐、胡椒粉，大致搅拌一下，放入电饭煲内。焖熟后，再放入虾和章鱼，盖上盖子，继续蒸煮10min。

3.取出虾和章鱼，将米饭翻松，稍微凉一会儿，装盘。放入萨拉米香肠，将虾和章鱼放在上面装饰。撒上欧芹即可。

餐桌布置

用黑色餐具营造冲击感

　　黑色能很好地凸显出料理的颜色，让红色、黄色愈发鲜艳诱人。所以餐具和桌布都要统一为黑色。当四周都是黑色的时候，艳丽的东西就会更加凸显。

　　西班牙风情宴会无须太苛求细节，餐桌上可以尽情摆放物品，给料理营造出热闹的氛围。宴会的基调色为黑色和红色。餐桌布置上要用黑色的桌布、黑色的餐盘、黑色的锅等，以便凸显出料理的鲜艳色泽。餐具和装饰物都要统一为黑色，但是当四周都是黑色的时候，很容易压低气氛，所以艳丽的色彩也要遍布各个角落才好。若黑色的餐盘下也用黑色的餐垫，则会使色彩度降低，所以要用鲜艳点的。艳丽的色彩能够充分烘托出宴会的热烈气氛。

4

起来很明显。所以在拿盘子的时候，最好隔着餐布。

2.长把平底煎锅 $\phi 6^{1}/_{2}$in[1]、$\phi 8$in、$\phi 9$in。这种LODGE锅受热均匀，不管是煎肉，还是炖煮蔬菜，都很好吃。还可以直接放到烤箱里，而且还有锅盖，很实用。此外，这种锅保温性好，十分省心。直接端上桌也没有违和感，反而能给宴会的视觉效果加分。

3.黑色陶瓷盘 $\phi 24$cm、$\phi 19$cm、$\phi 8$cm。同LODGE铁锅一样，既可以直接加热，又可以放到烤箱内加热。小型的陶瓷盆直径为8cm左右，可以用来做橄榄、番茄干、鳀鱼等略微带点水分的小吃，也可以用来装塔塔酱或者西式泡菜，

做1人份的千层饼也很方便。

●黑色托盘 $\phi 47$cm

4.三层的黑色铁丝托盘架 $\phi 19$cm× $h 34$cm。这种托盘架实用性很强，不管是面包、蛋糕，还是小刀具、餐巾纸，都可以放进来。在日常生活和宴会中，是常备工具。

左侧的铁丝托盘，黑色 $\phi 40$cm× $h 12$cm。铁丝很细，有轻奢的感觉，即使托架比较大，也无伤大雅，反而更能突出焦点。在宴会中，托架用来盛放长棍面包和番茄。

●没有用完的调味料和饮品等，以及性价比高的小物件等，都可以摆上来，增添西班牙风情。这种异域主题宴会带来的新发现，总是让人很惊喜。

1.桌布。购买符合桌子尺寸的黑色布料，布边已用缝纫机缝整齐。

●黑色圆盘 $\phi 28.5$cm、$\phi 21$cm

黑色的盘子要选用边缘为磨砂，中间是光釉材质的。不管摆上什么料理，都显得优雅大方。不过，这种盘子会让指纹看

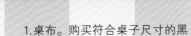

[1] 1英寸（1 in）=2.54cm。

日式和风

用日式料理来招待宾客，会更有难度。

如果只是拿出常吃的日式料理，很难让人觉得特别。

所以我在用日式料理招待宾客的时候，都会使用方盘。

小巧的杯盘简单地摆放在方盘里就可以了。

既简单大方，又别有韵味。

主题

　　蔬菜、鱼、米饭，还有小碗，这些简单的物品就能为日式料理带来浓浓的季节感，日式宴会自然也就有了韵味。但是，我们之前说准备日式料理会难一些，因为日式料理需要做汤汁，需要切蔬菜等，这些前期准备工作会很耗时间。尤其是切菜，在宴会的准备阶段一定要把菜刀磨锋利。此外，要把做一道菜所需的全部材料集中摆放，这样制作起来才方便快捷，条理清晰。如果汤汁放在冰箱里，装饰用的食材放到水槽边上，就容易忘记。另外，醋拌凉菜、沙拉、豆腐等，盛的量可以少一点。每个人的喜好与饭量都不一样，可以根据各自的情况来安排餐盘。

餐单

醋拌章鱼黄瓜裙带菜
芝麻洋葱沙拉
蔬菜汤拌鸡胸肉
冬瓜蟹碗
凉拌嫩豆腐和油炸豆腐烤辣椒
杂粮米饭 / 甜醋生姜 / 花椒杂鱼干
村田商店的甜点

时间安排

（宴会前日）
扫除、购物
准备食器、刀具、拖鞋
制作装饰用的芝麻
制作甜醋生姜
冬瓜煮好
汤汁放入冷冻室
烤鸡胸肉，撕成条
汤拌的蔬菜切成细丝
准备好凉茶

（宴会当日）
洋葱切好，用水去涩
准备好章鱼、黄瓜、裙带菜
生姜切丝
做冬瓜汤
杂粮蒸熟
制作蔬菜汤拌鸡胸肉
豆腐切好放入盘中，放入冷藏室

（宴会时）
将全部料理装盘
制作油炸豆腐和烤辣椒

宴会流程

用日式方盘来招待宾客，可以借鉴一下怀石料理的出菜顺序。

首先，可以在古香古色的杯子里倒好梅酒。如果是在午餐等不适宜饮酒的场合，可以用碳酸饮料来稀释梅酒和橙汁。再来一点软饮料，宴会的气氛也会变得轻松。

润过嗓子以后，就该介绍宴会的流程安排了。

最先放入方盘端给宾客们享用的应该是醋拌章鱼黄瓜裙带菜、芝麻洋葱沙拉以及蔬菜汤拌鸡胸肉这三道菜。

宾客们品尝过头三道料理后，就该拿出特意为今天准备的凉拌嫩豆腐、油炸豆腐烤辣椒了。在黑色的方盘中放上叶兰和小竹子，盛菜的小钵和漆制器皿按人头分配好。生姜、食盐、酱油等用其他器皿盛装。最后登场的就是冬瓜蟹碗、杂粮米饭、甜醋生姜和花椒杂鱼干了。

招待宾客的时候，蟹碗和饭碗不要忘记盖上盖子。因为有了盖子，在打开时才能制造惊喜。尤其是冬瓜蟹碗，盛的时候一定要注意美感。此外，杂粮米饭比白米饭多了许多色彩，打开盖子时，看到如此漂亮的米饭，也会让宾客们由衷地感到主人的用心。有季节感的米饭最诱人了，可以在白米饭上放一点干鱼子，或者味道香醇的芝麻，抑或是紫苏粉，光是看着就很好吃了。有时候为了喜庆，也可以用金箔来装点红豆糯米饭。如果量太足，就不要用带盖子的碗装米饭，可以转变一下思路，比如做点散寿司、握寿司或者押寿司，也是不错的选择。

至于甜品，可以将应季的水果切成易于食用的大小，以此来招待宾客。但是在这里，我们使用的是广受好评的村田商店的馅蜜。盛在玻璃碗里的馅蜜别有一番清透感，而且碗下面垫了一个托盘，既不必担心伤了方盘，又给人以仪式感。

宴会美食

醋拌章鱼黄瓜裙带菜

■ 材料　4～5人份

水煮章鱼 …… 约200g >> 煮熟后切薄片

黄瓜 …… 1根

食盐 …… 1/4小勺

裙带菜（腌制）…… 25g>>去除盐分，去除硬的地方，切成易于食用的大小

生姜 …… 1片 >>切成细丝

　　海带（5cm见方）…… 1片

　　醋 …… 6大勺

A　枫糖浆 …… 6大勺

　　食盐 …… 1/3小勺

　　淡口酱油 …… 1小勺

■ 制作方法

1.将A混合后放入锅内，中火加热，待盐熔化后关火。

2.黄瓜切薄片，用盐揉，待析出水分后，用力拧干。

3.将水煮章鱼、黄瓜、裙带菜装到器皿里，顶部摆上切成丝的生姜，浇上混合均匀的A。

芝麻洋葱沙拉

■ 材料　4人份

洋葱（大）…… 1个 >>顺着纤维的方向切成细丝（最薄的那种），用水浸一下，试一下辣不辣。等辣味没了，用力拧干水分，放入冰箱里冷藏

芝麻 …… 4大勺

　　醋 …… 1大勺

　　料酒 …… 1大勺

　　酱油 …… 1大勺

A　芝麻油 …… 2/3大勺

　　色拉油 …… 1大勺

　　食盐 …… 1小撮

■ 制作方法

1.平底锅加热，放入芝麻，一边摇，一边翻炒。略微变色后，芝麻开始粘在一起，盛出。取2大勺炒芝麻留作装饰用，将剩下的炒芝麻放入研钵内，捣碎。

2.将A中的调味料按顺序倒入研钵内，充分混合。

3.将步骤2中的食材分配到各位宾客的盘中，放上已经冰好的洋葱。最后撒上装饰用的炒芝麻。

蔬菜汤拌鸡胸肉

■ 材料　6人份

鸡胸肉 …… 3条
食盐 …… 少许
黄瓜 …… 1根
胡萝卜（细的）…… 5cm
山姜 …… 3个
大葱 …… 1/2根
A ┤
浓的日式汤汁 …… 100ml
酱油 …… 1⅓大勺
料酒 …… 1大勺
酒 …… 1大勺

■ 制作方法

1. 在鸡胸肉上撒薄盐，放到已经预热的烤网上，白烤，烤好后撕成细丝。

2. 蔬菜全部切成细丝，放入冰水中，变冰凉以后，捞出沥干。

3. 鸡胸肉丝和蔬菜丝放入器皿中拌匀，在周围浇上混合好的A。

冬瓜蟹碗

■ 材料　6人份

冬瓜 …… 约400g >> 去籽，切成4cm×3cm×4cm大小的块
A ┤
日式汤汁 …… 1200ml
食盐 …… 1小勺
酱油 …… 1/2大勺
料酒 …… 1大勺
螃蟹腿 …… 约100g >> 装碗时分成6等份
葛粉 …… 10g >> 兑等量的水
生姜汁 …… 3小勺
葱芽 …… 适量

■ 制作方法

1. 冬瓜略微削去一点皮，但依然能看见绿色。在内侧划出一个十字，深度约为冬瓜块厚度的一半。外侧划斜纹。

2. 锅内放入足量的水，煮沸，将冬瓜外侧向下放入锅内，盖上盖子，煮大约12min，用扦子刺一下，待能刺穿外皮后，捞出沥干。

3. 锅内放入A，放入冬瓜块，盖上盖子，炖煮10min。放入螃蟹腿，继续煮2～3min。放入与水混合均匀的葛粉，勾芡。

4. 将冬瓜块和螃蟹腿分成小份，分别盛入碗中，上面用葱芽点缀。每一份里都浇上1/2小勺生姜汁。

凉拌嫩豆腐和油炸豆腐烤辣椒

■材料　6人份
嫩豆腐……1块
盖朗德盐之花……适量
油炸豆腐……1片
辣椒（青）……1袋
生姜……适量>>研碎
酱油……适量

■制作方法
　1.嫩豆腐分成6等份，装盘，撒上盖朗德盐之花。

　2.油炸豆腐切成适当大小，放到烤网上烤热。辣椒用扦子扎2~3个洞，涂上薄薄一层色拉油（分量外），放到烤网上烤熟，装盘。撒上生姜碎和酱油。

●这些都是在宴会中途端上来的料理，所以要做一些简单的、不太费心思的，比如油炸食品、烤蔬菜、烤鸡肝等。

杂粮米饭 / 甜醋生姜 / 花椒杂鱼干

杂粮米饭

■ 材料　4人份

杂粮……1/2合**❶** >> 用小眼的笊篱仔
细清洗后，沥干

白米……3$\frac{1}{2}$合 >> 淘洗一下，沥干

■ 制作方法

　　将杂粮和白米混合，按照日常方
法，加水焖熟。

甜醋生姜

■ 材料

生姜……200g >> 去皮，切薄片

醋……100ml

枫糖浆……3大勺

食盐……1/5小勺

■ 制作方法

　　1.将醋、枫糖浆和食盐放入锅
中，加热，待食盐熔化后，关火。
注意控制时间，以防醋挥发掉，制
成甜醋。

　　2.小锅内放入生姜，倒入适
量的水沸腾后调至小火，继续煮
3～4min。

　　在煮的过程中会出现浮沫，撇
去。捞出姜，沥干，放入甜醋中浸
泡1～2日入味。

花椒杂鱼干

　　●直接买的和久传家的花椒杂
鱼干。

村田商店的甜点

　　这款甜品清凉又美味，可
以称得上是日式甜品中的经典之
作了。

---

❶ 10合为1L。

餐桌布置

各式各样的器皿汇聚在方盘上

前文介绍的日式料理都是用普通的食材做出来的普通料理。如果想让宴会变得不一样，只需记住两点即可，挑选精美的器皿，以及在托盘上下功夫。

这次我们要把心仪的器皿像小孩子过家家一样组合起来。也就是说，让器皿不再局限于它们本来的用途。比如，用酒器来装小菜，器皿下放一个茶托等，总之，就是要自由搭配。

我既使用了日式器皿，又使用了西式器皿。在挑选器皿的时候，最主要的方法就是"挑选自己喜欢的"。尽管有时候会风格迥异，但也无妨。如果光摆在一起就有违和感，不妨试着摆在方盘上再看一看，如果没有方盘，放到餐垫上也可以。漆器和玻璃，尤其是带颜色的玻璃器皿，和古香古色的日式器皿很配，可以一试。

方盘与白兰地酒杯

黑亮的漆制方盘与古香古色的酒杯搭配在一起，实在是一幅很有感觉的画面。连参加研究会的学生们都很喜欢这种简单的方盘。但是漆制品容易受损，所以拿放的时候要格外注意一些。

● 方盘 33cm × 33cm

● 白兰地酒杯

ϕ 5.5cm × h11cm

这是我在母亲的餐具橱里发现的白兰地酒杯。虽然家里人并不喝白兰地，但是这种酒杯用来喝加冰的梅酒，也很不错。

● 亚麻桌布

有时候也少不了搭配用的竹叶、枇杷叶、叶兰、草珊瑚叶。如果自家院子里或阳台上就种有这些植物，会很方便。

方盘与小碟、小钵的组合

蔬菜汤拌鸡胸肉
●玻璃钵 φ9.5cm×h6.3cm
玻璃钵的大小和手掌差不多就可以了，玻璃的清透
感很美。
玻璃钵里少装一点凉的煮菜也可以，盛一口挂面
也可以，倒一点冷茶，亦可。

芝麻洋葱沙拉
●白底蓝花的小碟 φ12cm×h3cm
●本赤柾利休筷子

醋拌章鱼黄瓜裙带菜
●小碟 φ9cm×h5.3cm
白底，上面绘有蓝色的三叶。说是古董，是因为这
是明治至大正时代的碟子。
●酒杯 φ6cm×h9.5cm
●茶托 φ12cm
BUNACO的小碟用作了茶托。

凉拌嫩豆腐
●放有佐料的浅钵鸡蛋碗 φ长9.5cm×φ短6.7cm×
h4.4cm
●汤匙 7.3cm

嫩豆腐
●玻璃茶钵 φ9cm×h4.5cm

油炸豆腐烤辣椒
●黑漆碟子 φ13cm×h3.6cm

杂粮米饭/甜醋生姜/花椒杂鱼干
●葫芦形碟子 φ长9cm×φ短6.5cm
●饭碗 φ11cm×h5.4cm
●漆制碗 φ12cm×h5cm

甜点
●玻璃钵 φ9.5cm×h6.3cm
●茶托 φ12cm

宴会案例展示与技巧汇总

以新娘喜爱的紫色为主色调的婚礼冷餐会。插花由新娘母亲制作，花艺则是中村明美氏的手艺。

案例展示

左/一口大小的松饼。右/化妆品公司办的红色宴会，唤醒美的本能。

按照"办一场像集市一样的婚礼派对"的要求举办的婚礼冷餐会。

我们
结婚啦!
请各位吃好
喝好。

ORGANICC

左/由NY的日本珠宝设计师和画家
举办的展示会,有一种"西方邂逅东方"
的感觉。
右/以初春新绿为背景的宴会。

宾客们挑选食材，由工作人员现场制作夹心面包，让宾客们更有参与感。

左 / 摆放整齐的手拿食物以及杯装食物。右 / 一口大小的水果司康。

左 / 在三层托盘上放满食物，这是一个花园婚礼的策划。右 / 迷你蛋白酥，颜色同背景中的罂粟花相得益彰。

讨论会中的宴会

在宴会讨论会上，我分九次课给大家讲解了如何摆放菜单、食器、各种织布等。

在最后一次讨论会上，参与者分成几个小组，分别布置一个餐桌，然后邀请客人来观赏。

大家齐心协力设定主题，一起努力布置，最终每一个餐桌都别具一格。

在这样的实践中，大家能对料理、摆放、布局等方面有更直接的体会。所以最后一次讨论会也是最重要的一次。

主题：①向C.致敬 ②多香果之宴 ③地中海之夜

主题：①祝福正月 ②摩洛哥宴会 ③百花初盛

①	
②	③

主题：①珊瑚世界 ②巴黎聚会 ③含羞草之花 ④非洲之夜

	①	
②	③	④

主题：①五大陆 ②热情上海之夜 ③秋日野餐 ④百花绽放

①	②
③	④

主题: ①豪华冬日度假 ②圣诞之宴 ③优雅赏花会

①	②
③	

主题：①香草柑橘 ②庆典之日 ③和心宴会 ④走进深林　①│②│③│④

便利的小物件

1. 刀和叉子 / 可以用来切整鸡、火腿等肉类食品。

2. 小勺子 / 在添加食盐、芥末时，怎么能少得了这种小勺子呢。

3. 切蛋糕用的刀和布菜刀 / 非常适合做蛋糕的时候用。

4. 布菜勺 / 可以用于给宾客们分杂烩饭、盛汤等。

5. 公筷 / 尽量选择简约大方，用起来顺手的筷子。

6. 迷你盘（大号、中号）/ 可以用来盛装沙拉酱料、手拿食物、长棍面包等，也可以用来放小毛巾。

7. 灭蜡烛的长柄铲 / 如果用嘴吹灭，会有烟，若用长柄铲，则能迅速熄灭蜡烛，并且不会产生很多烟。

8. 拍立得 / 可以为宾客们拍照留念。把照片装点在墙上，也是一份美好的回忆。而且拍照最能提升宴会的氛围了。

在举办宴会的时候，这些小物件会让宴会进行得顺畅又方便，下面就来介绍一些我喜欢用的。

1. 刀/用来切芝士很方便。

2. 水壶大 h18.5cm 小 h11.5cm/在红酒宴会上，每个人应该有两个水壶，一个用来装红酒，一个用来装水。

3. 筷子托/造型别致可爱的筷子托自然很好，但是我更喜欢这种简约大方的筷子托，玻璃上还镶了一块铝片，很简单。

4. 纸巾/在每年的秋刀鱼宴会上，我都会使用这种鱼花纹的纸巾。

5. 叉子和刀/这种经典的刀叉样式，能够胜任任何形式的宴会。

6. 酒吧用品/左侧的是香槟用的瓶盖。也可以给鸡尾酒、稀释过的软饮料使用，很方便。准备一些各种样式的搅拌棒，也会给宴会带来不一样的印象。

7. 亚麻织布（自然色、黑色）/把它铺在LODGE锅下面，直接摆到餐桌上，也没有任何不妥，非常方便。

8. 利用率很高的扦类/从左开始，日式甜点用的叉子、牙签、可伸长的签、水晶签。

模式化的宴会格外轻松

不喝红酒吗? 那么清酒呢? 在举办宴会的时候经常会遇到这种问题。
那么菜谱该如何确定呢?
现在就来看一下, 如何将红酒宴会和清酒宴会模式化。

红酒宴会

◆流程

① 从大家喜爱的肉饼和芝士开始。

② 盛上泡菜、鱼肉等, 四季通用的经典料理+应季食材做成的料理。

③ 主菜是比较常见的肉类料理, 准备五六道菜谱, 从中挑选。

④ 还没有吃饱? 这时候就简单地做一些分量足的淀粉类食物。

⑤ 甜点。

◆根据宴会进行的时间, 以及宾客的表情, 来决定菜品数量以及料理的量。

如果是饭量比较大的宾客, ①(3份)→②(3份)→③→④→⑤全套菜。

如果宴请的是喜欢红酒、饭量较小的女士们, ②(3份)→③→⑤。

◆如果没有时间来准备料理, ①、②可以在喜欢的店里直接买回来摆上, 只准备③、④。

甜点则根据宾客们的喜好来决定。

清酒宴会

◆流程

① 摆上开胃菜和醋拌凉菜等, 经典料理+应季料理。

② 盛上蔬菜(生)、豆腐、凉拌菜、刺身等, 四季通用的经典料理+应季食材做成的料理。

③ 主菜为煮制的料理、烤制的料理、炸制的料理。

④ 米饭、汤汁、清香腌菜, 要体现出季节感。

⑤ 日式甜点、水果, 经典料理+应季料理。

◆确定流程之后, 再决定菜谱就很方便了。

要好好利用超市里售卖的成品, 这样能减轻负担, 从容地应对宴会。

将菜谱和餐具都模式化后，就能够从容地举办宴会了。在制订菜谱的时候，一定要注意使用常见的食材。下面是我列出来的一些参考例子，可以根据这个来决定属于自己的餐单。

红酒宴会		清酒宴会
肉饼和长棍面包 萨拉米香肠、意大利熏火腿 橄榄、坚果 2~3种芝士 水果干	① 前菜 开胃菜	醋拌海蕴 醋拌章鱼裙带菜 凉拌豆腐 煮羊栖菜
紫甘蓝泡菜 藜麦羽衣甘蓝沙拉 菊苣蟹肉沙拉 香草沙拉 大豆料理 腌彩椒	② 蔬菜/鱼 四季都可 · 蔬菜（生）、豆腐 凉拌菜、刺身	芝麻豆腐 厚烧鸡蛋 刺身 凉拌青菜
拌蔬菜丝、绿色女神酱料 凯撒沙拉 胡萝卜沙拉 橙汁腌扇贝 烤芦笋 醋腌小鱼	② 蔬菜/鱼 春、夏	鲷鱼海带 金平牛蒡 竹笋煮鲣鱼 鲹鱼、鲣鱼刺身 蒸蚕豆 蜂斗菜花蕾味噌
西式腌菜花 醋腌甘蓝 甜菜苹果沙拉 烤根茎蔬菜 浓汤	② 蔬菜/鱼 秋、冬	炭烧秋刀鱼 茄子田乐烧 炸豆腐 烧莲藕 茶碗蒸菜
柠檬鸡 肉饼面包 红酒炖猪肉 绿咖喱 烤羔羊排	③ 主菜 · 煮制的料理、烤制的料理、炸制的料理	煮制的料理、天妇罗 烤鸡 龟田风味炸鸡 煮金目鲷 关东煮
意大利面 干炸土豆 煎土豆	④ 淀粉类 米饭、汤汁、清香腌菜	米饭、汤汁 握寿司、散寿司 红豆糯米饭 细卷寿司、稻荷寿司
水果、冰激凌 红酒甜点和芝士（斯蒂尔顿干酪）	⑤ 甜点	水果 馅蜜

宴会日记的使用方法

想要让举办的宴会精益求精，更上一层楼，就要使用宴会日记来记录。好记性不如烂笔头。按照日期、时间、宾客姓名、使用的餐具、餐垫、料理的工作流程，以及最终感想的格式记录。

饮品够吗？料理的评价如何？料理的量足够吗？大概何时结束的？服装合适吗？

而且还要注意可能导致宾客过敏的食物、喜欢吃的食物、不喜欢吃的食物，等等，都要留心记下来。

这样的话，在下一次举办宴会的时候，就会有经验了，比如"应该事先准备好勺子""玻璃杯少买一点就够了"，等等。

如果是同样的宾客来做客，那么再做一次上回得到好评的料理,绝对是没有问题的。

而且将宾客们的喜好记下来，也会让他们感到由衷的温暖。

日期 / 时间 / 宴会主题		
出席者 服装		
	餐单	餐桌布置
饮品 1		
饮品 2		
料理 1		
料理 2		
料理 3		
料理 4		
料理 5		
料理 6		
料理 7		
料理 8		
料理 9		
甜点		
其他 （取餐盘、刀具、餐垫等）		
（宴会前日） 准备好餐具、刀具、餐垫，准备拖鞋，大扫除，购物		**备忘录**
（宴会当日）		
（宴会时）		

日期 / 时间 / 宴会主题		
出席者 服装		
	餐单	餐桌布置
饮品 1		
饮品 2		
料理 1		
料理 2		
料理 3		
料理 4		
料理 5		
料理 6		
料理 7		
料理 8		
料理 9		
甜点		
其他 （取餐盘、刀具、餐垫等）		
（宴会前日） 准备好餐具、刀具、餐垫，准备拖鞋，大扫除，购物		**备忘录**
（宴会当日）		
（宴会时）		